從極大世界到極小世界，持續進行著人類探索之旅

我們人類對於這個世界，大至宇宙，小到物質最小構成單位的基本粒子，都充滿著無止盡的好奇心。實際上，各領域的研究錯綜複雜，彼此間更是相互支援，期待能夠接近真相。

可視宇宙

影像提供／NASA

▲大約 138 億年前發生的宇宙大霹靂造就宇宙的誕生，今日宇宙的寬度超過半徑 470 億光年（1 光年約 9.5 兆公里），並且有至少 1000 億個以上的星系。

世界的規模　10^{23}m　10^{18}m

10^{18}m的世界　星系

影像提供／NASA

▶我們的太陽系所處的銀河系。直徑約十萬光年，中央約一千光年厚。銀河系的恆星數量據估計有兩千億個以上。

挑戰極大世界的最先進設備

45m電波望遠鏡

影像提供／日本國立天文台

▶觀測波長超過一公尺的電波，解開宇宙之謎。

哈伯太空望遠鏡

影像提供／NASA

▶在沒有大氣層遮蔽的衛星軌道上觀測星星，促成天體觀測飛躍式的進步。

影像提供／NASA

10^{13}m的世界 太陽系

▲你是否以為太陽系的邊緣就是距離太陽約59億公里遠的冥王星呢？事實上太陽系的寬度大約1光年，也就是9.5兆公里。

10^3m　10^8m　10^{13}m

10^8m的世界 地球

▶我們的星球「地球」，在赤道部分的直徑約為一萬兩千七百五十六公里，在太陽系行星中排名第五，不過與太陽相比的話，尺寸不到太陽的百分之一。

10^3m的世界 地球的群山

▼世界的第一高峰「聖母峰」（亦稱珠穆朗瑪峰）標高是海拔八千八百四十八公尺。聖母峰所在的喜瑪拉雅山脈中，有十四座高度在八千公尺以上的高山。

© My Good Images/Shutterstock.com

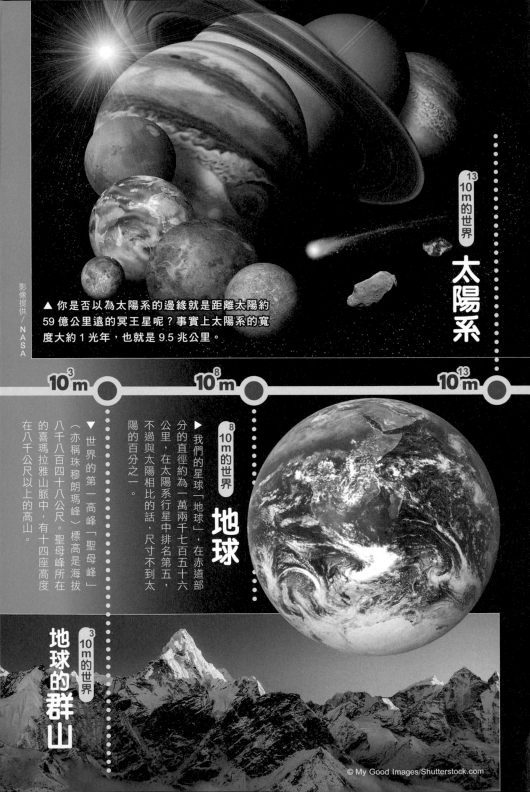

1m的世界
動物

▼最大的哺乳類動物是長約 33 公尺的藍鯨。最小的哺乳類之一是身長不到 5 公分的西南亞侏儒跳鼠（不包括尾巴的話）。

影像提供/小學館《比比看圖鑑》

10^{-3} ~ 10^{-6} m　　1m

© Alexander Mozymov/Shutterstock.com

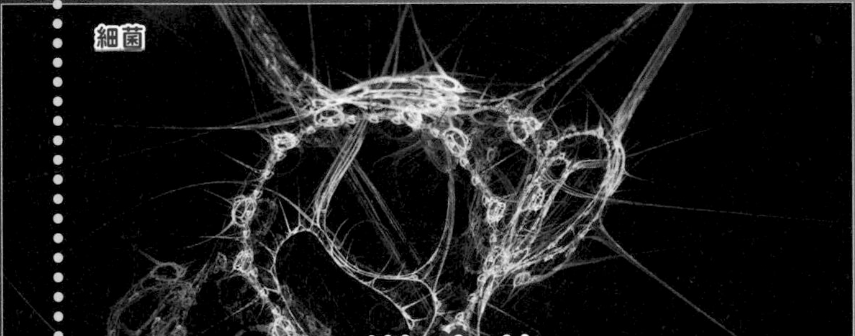
細菌
10^{-3}~10^{-6} m的世界
微生物

◀▼所謂的微生物是肉眼難以看見的微小生物總稱。相對較大的草履蟲長度大約零點一公釐，多數的細菌大約都是一微米長（一公釐的千分之一）。

© Lebendkulturen.de/Shutterstock.com

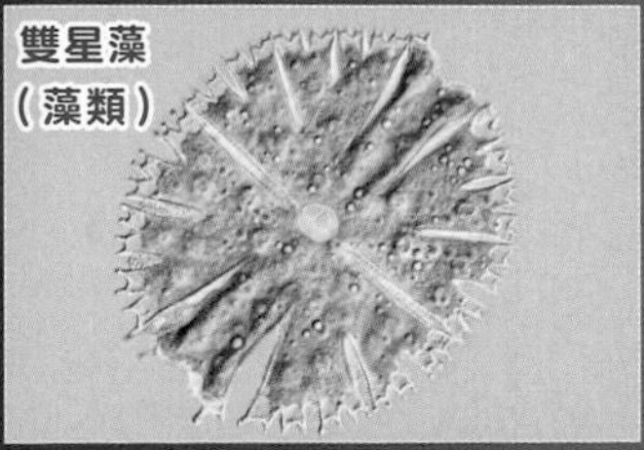
雙星藻
（藻類）

© Chris Moody/Shutterstock.com

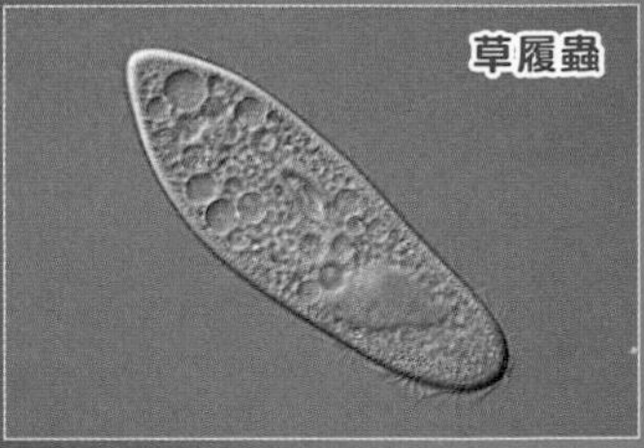
草履蟲

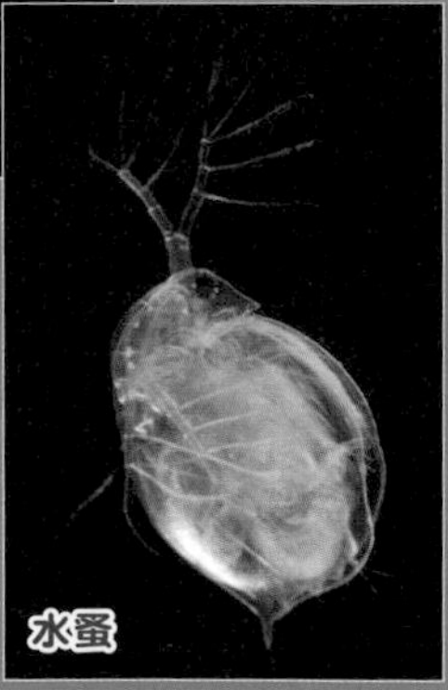
水蚤

© Chris Moody/Shutterstock.com

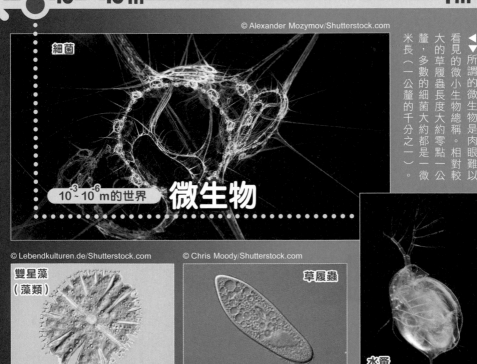

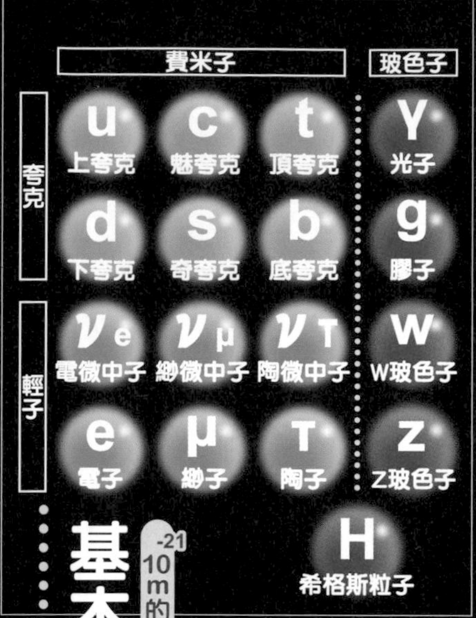
費米子
玻色子
夸克
輕子
u 上夸克
c 魅夸克
t 頂夸克
γ 光子
d 下夸克
s 奇夸克
b 底夸克
g 膠子
νe 電微中子
νμ 緲微中子
ντ 陶微中子
W W玻色子
e 電子
μ 緲子
τ 陶子
Z Z玻色子
H 希格斯粒子

基本粒子

10^{-21}m的世界

▲在基本粒子的世界中，大小的概念已經沒有意義。總之只要記得它非常小就行了。

▼病毒很容易和細菌搞混，大小多半是10～250奈米（1奈米是1公釐的100萬分之1），大約只有細菌的10分之1。

鼻病毒

插圖／齋藤基貴

病毒

10^{-9}m的世界

10^{-21}m
10^{-12}m
10^{-9}m

挑戰極小世界的最先進設備

超級神岡探測器
（Super-K）

影像提供／東京大學宇宙線研究所

▶由五萬公噸高純度純水所構成的地下設施。已成功檢測出其中一種基本粒子「微中子」。

SACLA（櫻）顯微鏡

© RIKEN

▶利用四百公尺加速器製造X光雷射，觀察原子的世界。

原子

10^{-12}m的世界

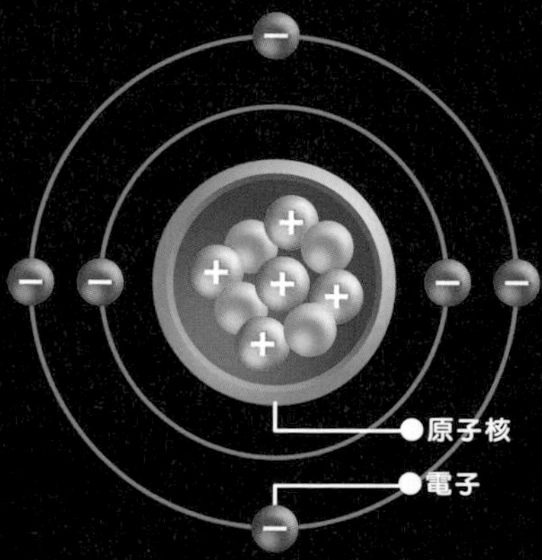
原子核
電子

▲原子在過去認為「無法再被分割」，因此取名為「原子」。它的大小是1公釐的100億分之1，很難以實際的尺度體會它的大小。

哆啦A夢科學任意門

DORAEMON SCIENCE WORLD

小小世界顯微鏡

哆啦A夢科學任意門
小小世界顯微鏡

目錄

關於這本書

本書的主旨是希望各位在閱讀哆啦A夢漫畫的過程中，能夠同時學習科學新知。

漫畫部分提到的科學主題，會在後面附上詳盡的分析。當中或許有些比較困難的內容，不過筆者盡量以淺顯易懂的方式描寫微小世界相關的過去、現在與未來。

在顯微鏡發明之前，肉眼看不見的極小世界就跟宇宙和深海一樣充滿謎團。透過顯微鏡看到的新世界成為科學的新領域，人類甚至開始探索任何鏡片都看不見的世界。

現在，科學家認為在小世界的盡頭，存在解開大宇宙誕生之謎的關鍵；也就是說，極小與極大的兩個世界似乎息息相關。

構成物質的最小單位「基本粒子」的研究，屬於一般人難以理解的領域之一，儘管如此，本書仍嘗試解釋說明。期待今後將成為大人的各位，從現在開始接觸到一些目前正在加快研究腳步的基本粒子知識，因為這也關係著我們的未來。

※未特別載明的數據資料，皆為二〇一六年七月的資訊。

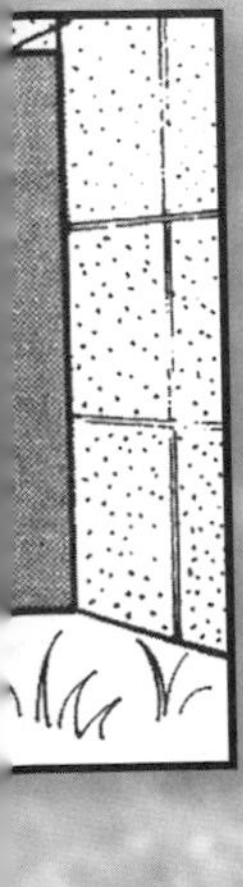

從這裡進去？你在開什麼玩笑啊!?
別管那麼多，走進去吧！

好奇怪的隧道喔。

哇啊……

屋頂裡的宇宙戰爭

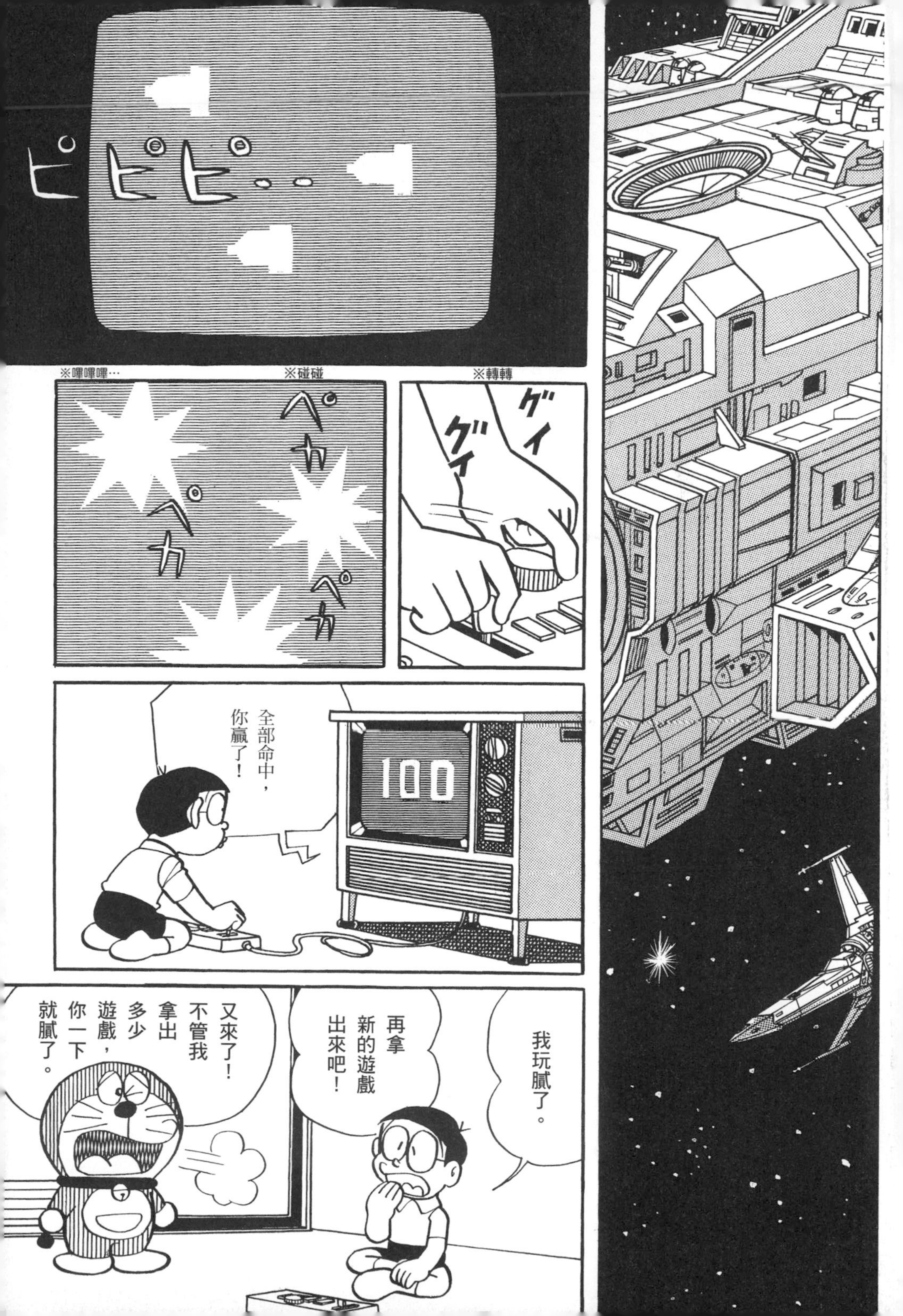
ピピピ…
※嗶嗶嗶…
グイグイ
※轉轉
ペカペカ
※碰碰
100
全部命中，你贏了！
我玩膩了。
再拿新的遊戲出來吧！
又來了！不管我拿出多少遊戲，你一下就膩了。

那就拿出你珍藏的遊戲出來嘛。
這是最後一個囉。
SPACE WARS GAME SET
SPACE WARS GAME
這很貴的。
玩的時候要小心一點喔。
「星際大戰遊戲組合」。
你可以搭乘白色戰鬥機，攻擊灰色的敵機。
SPACE
咦？真的進得去嗎？
※縮小
ピュルルル
操縱方法是…
我自己看就知道了啦！

小小世界顯微鏡Q&A

Q 據說創造出宇宙的是宇宙大霹靂。在大霹靂發生之前，宇宙是一片虛無。這是真的嗎？

A 假的。從虛無到大霹靂發生前的十分之一秒這段期間稱為膨脹期，科學家認為宇宙的時間、空間在此時急速膨脹。

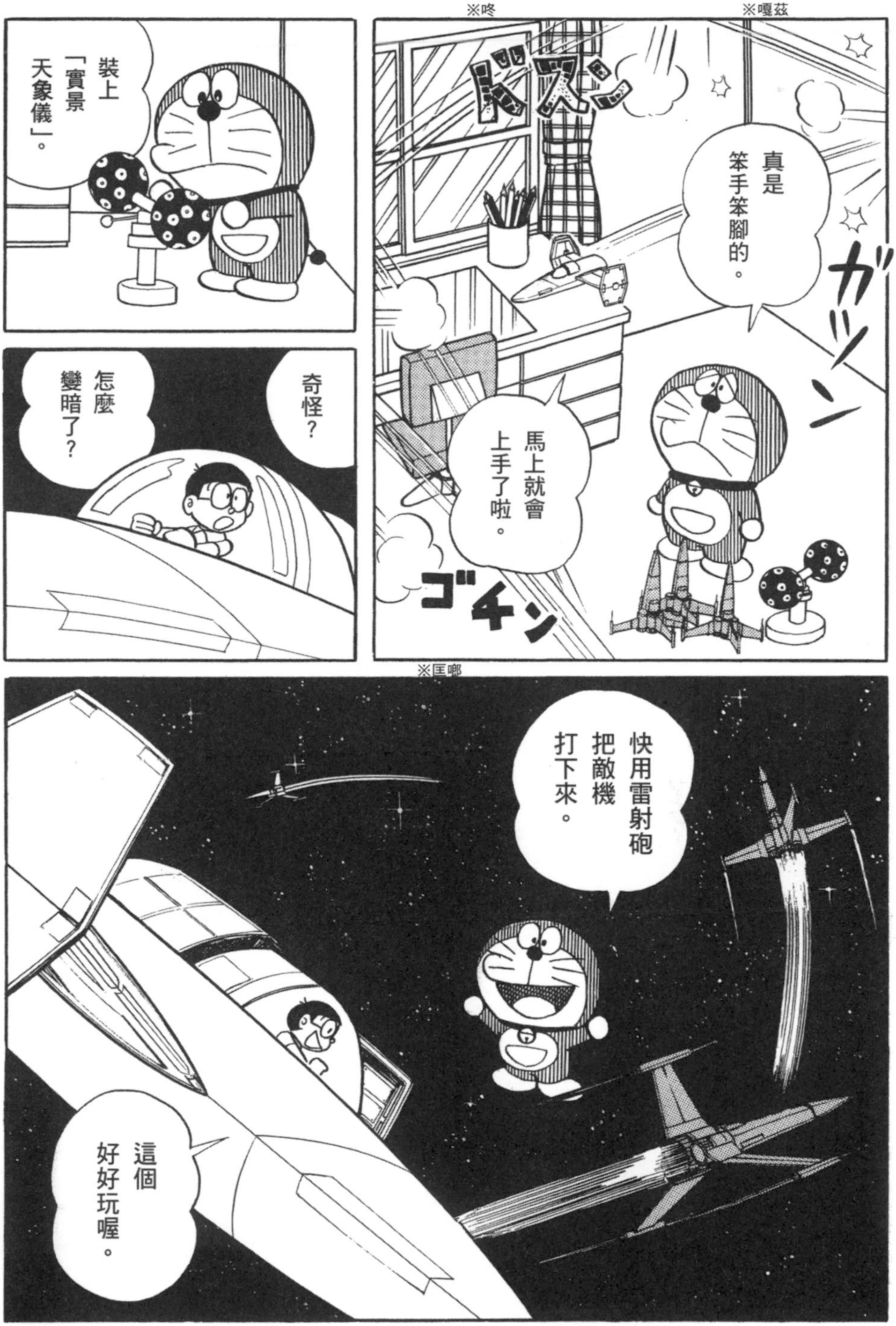

※嘎茲
ガツン
※咚
ドスン
真是笨手笨腳的。
馬上就會上手了啦。
ゴチン
※匡啷
裝上「實景天象儀」。
奇怪？
怎麼變暗了？
快用雷射砲把敵機打下來。
這個好好玩喔。

敵機是由電腦操縱的。
※嘎茲
好痛！
小心點！笨手笨腳的。
敵機飛得很快，
很難瞄準耶。
有了！
※按下
※電擊
唔啊！

小小世界顯微鏡Q&A

Q 宇宙中最早形成的恆星「第一代恆星」質量與太陽相比如何？

① 較重 ② 相同 ③ 較輕

A ①較重。科學家認為第一代恆星誕生於大霹靂的數億年之後，質量約是太陽的四十倍，亮度則是十萬倍以上。

這裡實在太危險了。
※電擊
※掉落
成功了。
※電擊
只要抓到訣竅就很簡單。
真有趣，這種遊戲不管玩多少次也不會膩。
再從頭開始玩一遍。
咦？哆啦A夢有拿出這種戰艦嗎？
※電擊
哇!?

被擊中了!!
ガジャーン
好燙
喔~
呀啊!
竟敢射我!!
※電擊
可惡。
ガジーン
※打碎
啊…你把它弄壞了!!
我分期付款還沒付完耶!

小小世界顯微鏡Q&A

Q 目前仍神祕不可解的宇宙暗物質，均勻分布在宇宙裡。這是真的嗎？

你居然拿球棒亂揮，也太過分了吧！賠我!!
什麼嘛！我剛剛差點被它打傷耶。
※嘎嘎
怎麼可能啊……
咦？遊戲裡沒有這種戰艦啊。
※嘩嘩
ポト
※噗咚
豆子般大小的機器人。
キーキー
ピーピー
※發光
ピカ
靜香！
不是，這是立體影像。
我是里里巴特星的公主，我叫亞蕾・歐卡娜。
我現在被大壞蛋亞漢貝達囚禁，請你們救救我。

A 假的。宇宙裡有些地方星系密集，有些地方則否。科學家認為因為暗物質存在，才會造成星系分布不均。

Q 宇宙裡有比我們太陽系隸屬的銀河系大上五十倍的星系。這是真的嗎？

※消失
快點來救我。
快點……
是電影的宣傳嗎？
※嘎嘎
機器人好像在講什麼？
用「翻譯蒟蒻」聽聽看。
我是R3—D3，是亞蕾公主的家臣。
因為亞漢貝達侵略里里巴特星，所以我們才逃到宇宙來。
結果在地球附近被亞漢貝達抓住，
只有我成功乘坐太空船脫逃，
降落在沙漠之中。

A

真的。日本天文學家發現的「大蛇」星系位在距我們一百一十八億光年遠處，其恆星數量是銀河系的五十倍。

為了告知同伴公主被抓走的消息，我走了好久，真是一段漫長的旅程。
一路上驚險萬分，甚至遭到巨大怪獸攻擊。
不過還是被亞漢貝達的手下發現，
可是就在返回他們的基地途中……
迷迷糊糊來到這裡，然後被球棒打到。
跟「星際大戰」一模一樣。
我們馬上去救公主吧！
話是這樣說沒錯，可是要去宇宙沒有那麼簡單。
而且你的暑假作業也還沒寫完。

抱歉！你去找別人吧。
亞漢貝達正在地球建立基地，準備侵略地球。
什麼!?
地球遭受威脅了!?
暑假作業算什麼！
胖虎找你去打棒球。
現在不是玩那種無聊遊戲的時候！
那傢伙兇什麼？
我們特地來約他一起去玩耶。
先去沙漠找你的太空船吧。
奇怪……

小小世界顯微鏡Q&A

Q 太陽直徑是地球的一百倍以上，質量大約多少倍？①一千一百倍 ②兩萬兩千倍 ③三十三萬倍

你說的沙漠是指公園的沙堆嗎？
哪有什麼太空船？
在那裡！
那不是球啊。
※踢
抱歉。

A ③三十三萬倍。太陽的體積約是地球的一百三十萬倍，但主要是氫和氦等較輕元素構成，因此質量的差異沒有那麼大。

不跟我們去打棒球，
結果竟然跑來這裡丟球。
那是什麼？
噓！他們是地球的猛獸。
修得好嗎？
已經修好了。
得拿出「格列佛隧道」才坐得上去。
你好啊。
現在就潛入亞漢貝達的基地去！
好緊張喔。
ブルルル

※噗嚕嚕

Q 火星的大小只有地球的一半左右，但火星上有比聖母峰更高的山。這是真的嗎？

A 真的。火星的最高峰奧林帕斯山，標高約二十五公里以上，大約是聖母峰的三倍高。

你知道基地在哪裡嗎？是在亞馬遜的原始森林？還是百慕達三角洲？
我被囚禁時有聽他們提起……
啊！過頭了。
香菸店的轉角第三間。
好怪喔…
不會是在我家附近吧？
在這個屋頂裡面。
什麼！這不是胖虎家嗎？
回去！
胖虎比亞漢貝達還恐怖啊。
你們要是回去叫我怎麼辦？
求你們救救公主吧。

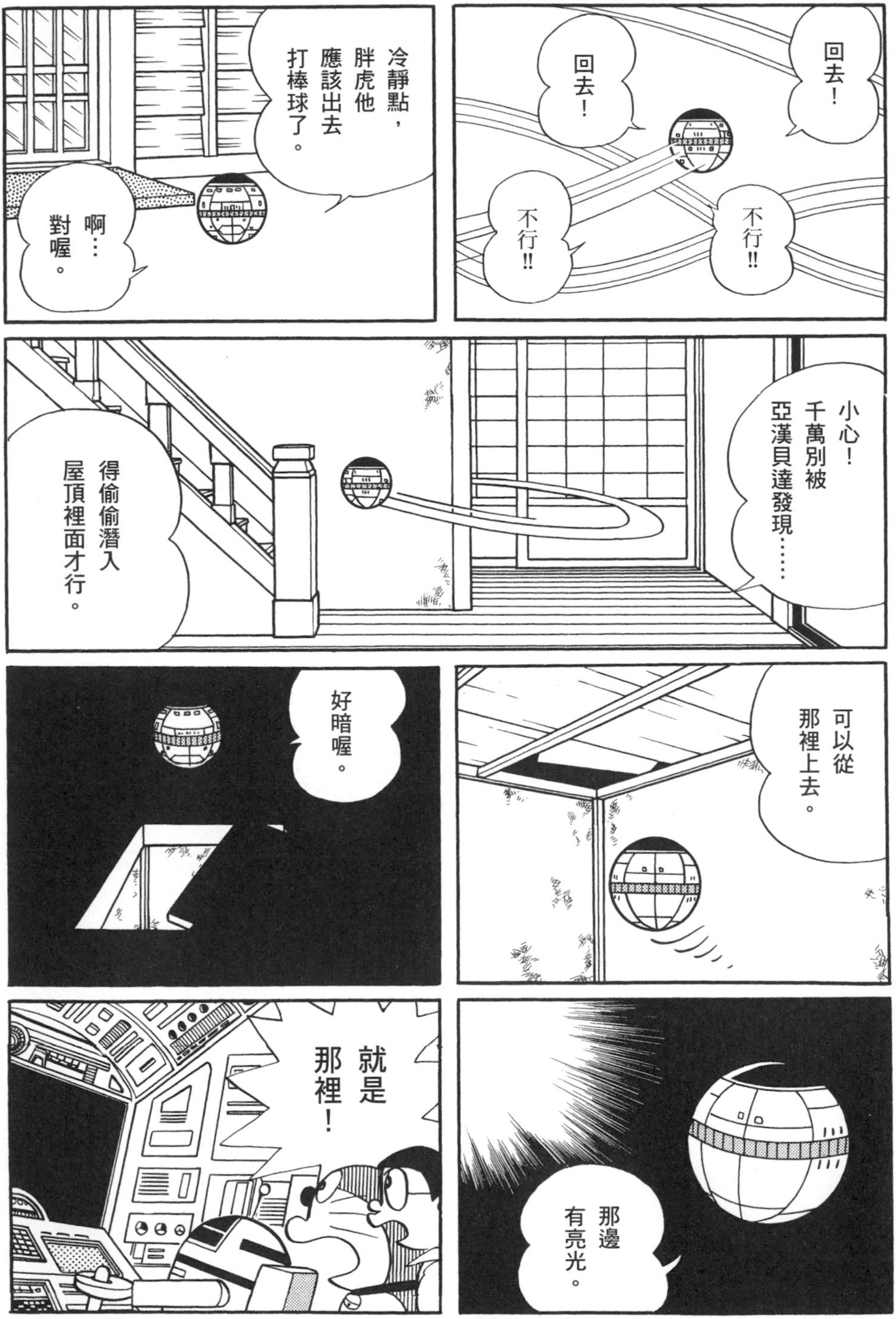
回去！
回去！
不行!!
不行!!
冷靜點，胖虎他應該出去打棒球了。
啊……對喔。
小心！千萬別被亞漢貝達發現……
得偷偷潛入屋頂裡面才行。
可以從那裡上去。
好暗喔。
那邊有亮光。
就是那裡！

小小世界顯微鏡Q&A

Q 最早發明天文望遠鏡的是下列哪一位？①伽利略 ②漢斯・李普希 ③愛迪生

A ②漢斯．李普希。據説發明於十七世紀。伽利略則是利用與他的發明同樣原理的望遠鏡觀測行星。

屋頂被改造成城堡了！

戒備深嚴，很難趁他們不注意靠近。

小小世界顯微鏡Q&A

Q 倍率兩百的顯微鏡無法看見病毒。這是真的嗎？

安靜，別發出聲音喔……
要是被發現就完了。
可能沒辦法活著回去。
我開始擔心我的作業了…
都什麼節骨眼了。
哇…
別動!!
他們在看這邊!!
好像要過來了。
哇～～

A 真的。十七世紀後期已經能夠以最大倍率約兩百的顯微鏡看到細菌等微生物，但無法看到遠比細菌更小的病毒。

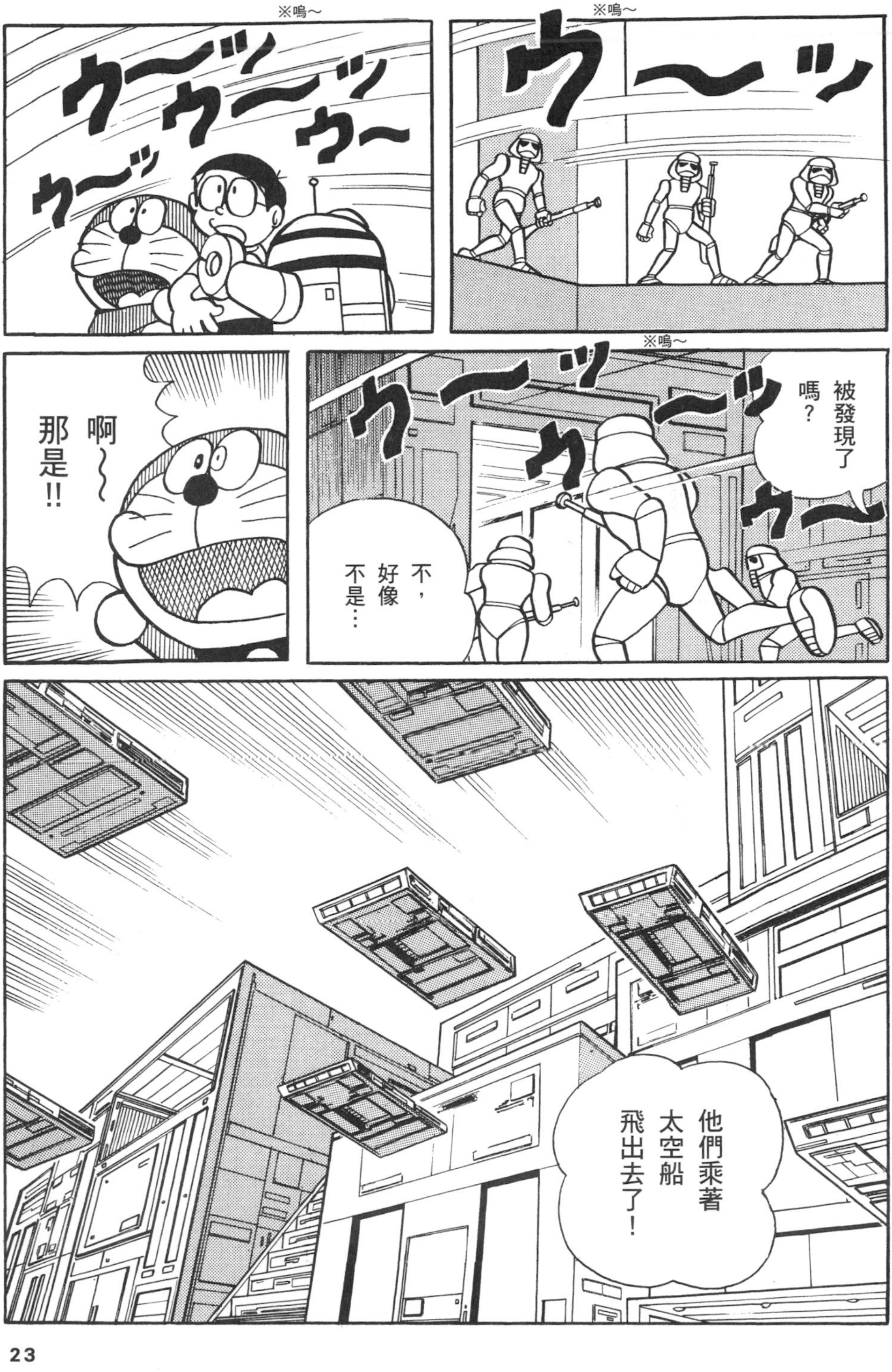

※嗚～
ウ～ッ
※嗚～
ウ～ヴ～ッ
ウ～ッ
ウ～
※嗚～
被發現了嗎？
不，好像不是…
啊～～
那是!!
他們乘著太空船飛出去了！

從屋頂的縫隙慢慢下降。
看樣子城堡現在應該是空城。
到底發生什麼事了？
總而言之，機會來了。快走！

小小世界顯微鏡Q&A

Q 細菌會被人類感染而生病，也會被病毒感染。這是真的嗎？

A 假的。不過有相反的例子，本身沒有細胞的病毒會利用細菌的細胞增生。

不知道亞蕾公主被囚禁在哪裡？
趁亞漢貝達不在的時候，得趕快找到她才行。
亞蕾公主～
找到了！
勇敢的青年啊。這枚勳章象徵你的功勞。
待會再說。
趁亞漢貝達回來前快逃。
又來了！
每次我準備飯菜時，都會被人偷吃。難道有老鼠兵團入侵嗎？

吃飯時間結束。
到底是誰把公主帶走了？
全員出動，奪回人質。
來了！
我們跑不掉了。
放心，有我在。
讓你們瞧瞧我玩遊戲鍛鍊出來的本事。

小小世界顯微鏡Q&A

Q 原子核裡的質子和中子加起來的數量，正好等於繞行於原子核外側的電子數量。這是真的嗎？

A 假的。原子核裡的質子帶正電，電子帶負電，電子繞行的數量與質子相同時，可互相吸引。

※按下
快趁現在!!
※嗶嗶嗶
※電擊
喂！換我玩一下。
我也要。
怎麼樣？一個一個被擊落了吧。
糟了！
※轟轟轟
主艦來了！
※轟轟轟

糟糕！武器對它沒用。
※轟轟轟
救命啊。
快被它追上了啦。
※鏘
哇哈哈哈。
你們覺悟吧!!
※擊中
※全壘打

小小世界顯微鏡Q&A

Q 目前被認為是物質最小單位的基本粒子沒有質量。這是真的嗎？

A
假的。基本粒子可分為兩類，一類具有與光子相同的質量；另一類和電子一樣受到希格斯粒子的影響而具有質量。

喔～地球的飛彈好厲害!!
我的全壘打不知道打到什麼東西了。
是遙控飛機嗎……
看起來很高級耶！一定很貴。
趁主人過來之前趕快逃跑吧。
你們是守護宇宙和平的大英雄。
這枚勳章象徵你們的功勞…
真是小規模的宇宙戰爭啊……

我們身處的自然界階級結構

豆子般大小的機器人。
キー
ピーピー

了解微小世界就可以了解世界的形成

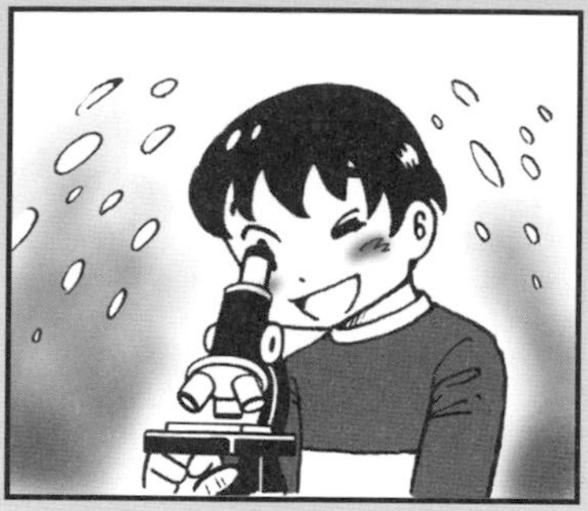
插圖／佐藤諭

在踏進微小的世界之前，請先看一看底下這張插圖。這一張圖畫的是出現在希臘神話中的銜尾蛇，是吞下自己尾巴的聖獸。蛇會反覆脫皮長大，因此銜尾蛇也象徵著死亡與重生，在神話裡表示沒有開始也沒有結束，它的存在就代表一切。代換到科學的世界裡，畫成圖畫後，就是底下插圖的模樣。不管是廣大的宇宙、我們人類的身體、肉眼看不見的細胞世界，事實上都是由更小的原子、基本粒子等微小物質集結而成。各領域的研究也彼此密切相關。

銜尾蛇

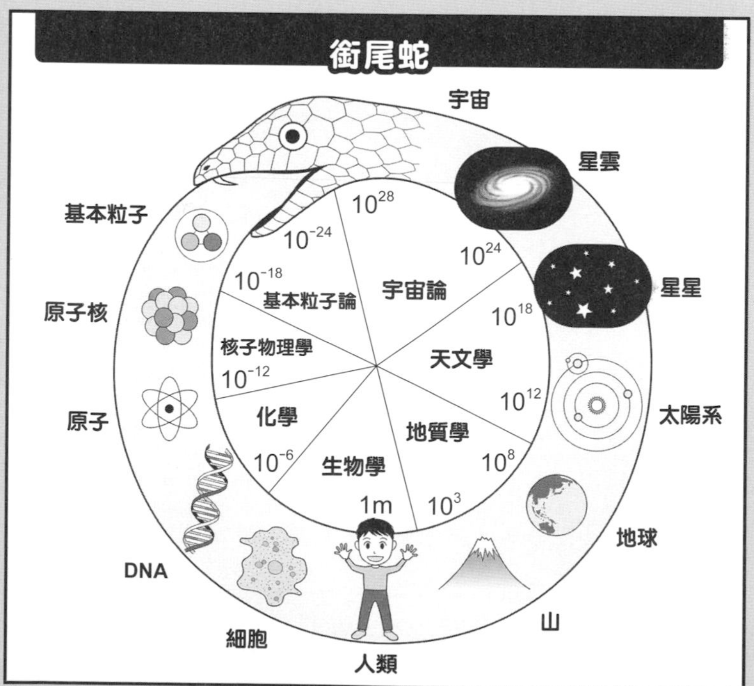

宇宙
星雲
星星
太陽系
地球
山
人類
細胞
DNA
原子
原子核
基本粒子
10^{28}
10^{24}
10^{18}
10^{12}
10^{8}
10^{3}
1m
10^{-6}
10^{-12}
10^{-18}
10^{-24}
宇宙論
天文學
地質學
生物學
化學
核子物理學
基本粒子論

插圖／加藤貴夫

插圖／加藤貴夫

研究微小世界可解開生命的奧妙及宇宙之謎

各領域的研究彼此相關，尤其是近年來急速發展的微小世界研究，更是成為眾多領域的助力。比方說，DNA的研究。一般稱為「生命設計圖」的DNA之謎解開後，在醫學方面發展出新的治療方法，在考古學與生物學方面也得到破解生物演化之謎的線索。

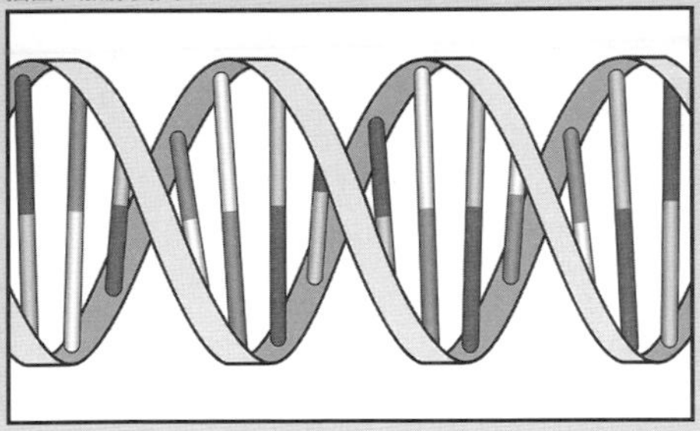

▲DNA。由稱為「鹼基」的四種物質排列組合，決定生物的型態與特徵。

另外，如果沒有微小世界的研究，就沒有宇宙論與天文學。我們目前已知存在於宇宙中的物質，不到整體的百分之四點九。科學家認為，其中占了百分之六十八點三的暗能量具有拉遠物質的力量，而占了百分之二十六點八的暗物質反而有拉近物質的力量，不過真相尚未明朗。目前有說法認為這些占整體百分之九十五點一的不明物質，最有可能是未知的真空能量或基本粒子等；其數量占宇宙的大半，人類卻無法觀測到，表示它們很有可能是微小物質。

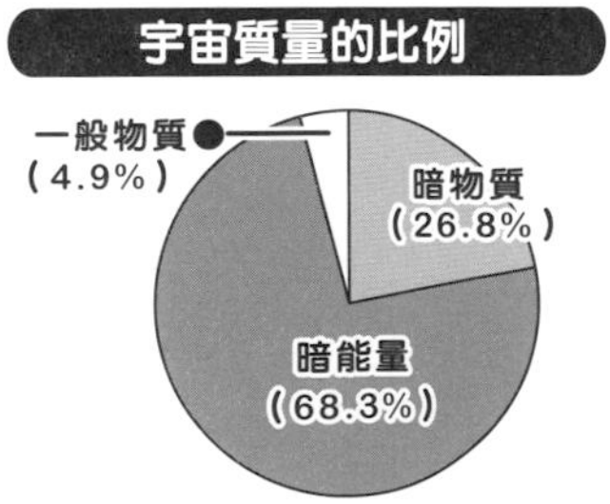
宇宙質量的比例
一般物質
（4.9%）
暗物質
（26.8%）
暗能量
（68.3%）

▲弄清楚約占95%的未知物質真面目後，人類的宇宙觀一定會大不相同。

原子的尺寸如果以乒乓球作比喻的話……？

接下來，我們將進一步了解微小世界。話雖如此，相信各位一定無法體會微小世界到底有多麼小。舉例來說，小物質的代表「原子」與乒乓球的尺寸差距，差不多等於乒乓球與地球的尺寸差距。這樣各位應該能夠實際感受到原子有多小了吧？

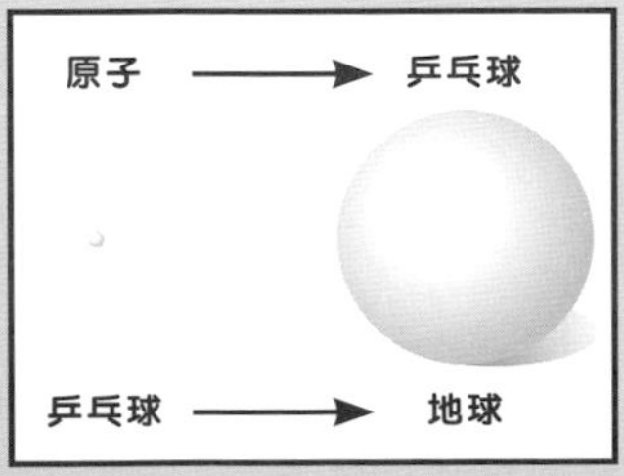
原子
乒乓球
乒乓球
地球

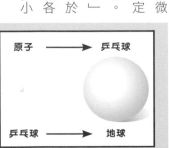

人類對於微小世界了解多少？

得拿出「格列佛隧道」才坐得上去。

顯微鏡的發展 開啟微小世界的大門

多數人對微小世界產生興趣，是從十六世紀末顯微鏡問世開始。據傳發明顯微鏡的人是荷蘭的眼鏡製造商楊笙父子。當時他們發明的是在四十五公分長的筒子裡嵌入一塊鏡片的單式顯微鏡。最先利用顯微鏡提出學術成果的人則是英國物理學家羅伯特·虎克。虎克在一六五〇年自行打造，使用多塊鏡片的複式顯微鏡，觀察小動物和植物等的細胞並繪製成素描，留下《微物圖誌》（*Micrographia*）一書。

插圖／高橋可奈子

▲羅伯特·虎克

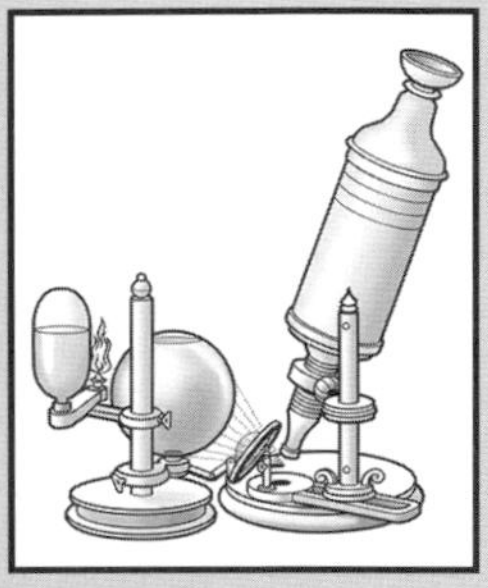

▲虎克的顯微鏡

插圖／加藤貴夫

古希臘時代早已預言原子的存在

原子（atom）一詞來自古希臘文，原意是「無法再行分割的物質」。古希臘人當然沒有發現原子，這只是邏輯、哲學上的主張，他們認為物質再小也會有極限。以古人來說，有這樣的遠見實在了不起，不過這個想法只對了一半。

原子的原子核是由質子與中子構成，電子在原子核外繞行，這樣的物質尚可再進一步分割。科學家認為目前被稱為物質最小單位的基本粒子總共有十二種（原子請參考第一三〇頁，基本粒子請參考第一五六頁的詳細介紹）。

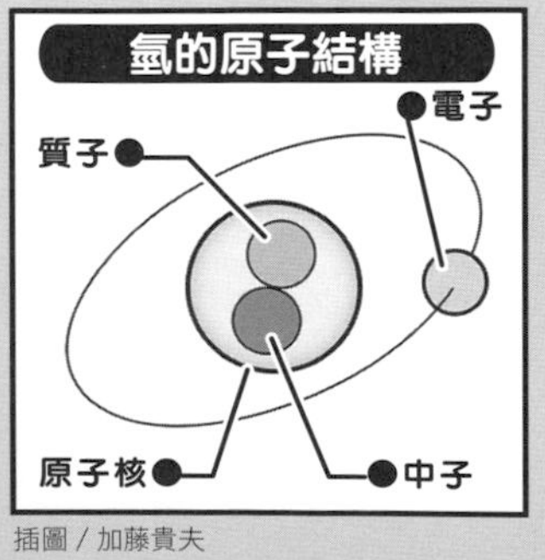

▲質子、中子、電子的數量決定物質的屬性。數量越多，物質越重。

插圖／加藤貴夫

照亮原子世界！「SACLA（櫻）」X光雷射顯微鏡誕生

有很長一段時間，人們認為很難實際看到原子這麼小的物質，無論使用倍率多高的顯微鏡，照在對象物整體的光量均是固定，因此倍率越高，鏡面另一側也就越暗。然而，這個問題一直到二〇一二年，日本製造出超級顯微鏡，也就是全長七百公尺的巨型顯微鏡「SACLA（櫻）」，才終於獲得解決。

加速光源樓發出的強光，藉此製造出波長極短的X光雷射照射目標，因此得以看見明亮的原子世界。期待今後有助於解開微小世界之謎。

▲SACLA內部。產生X光雷射的筒狀加速器全長為四百公尺。

特別專欄

我們對宏觀世界（宇宙）了解多少？

人類已經確定基本粒子的存在，也能夠觀察原子等級的微小世界物質。另一方面，對於宏觀世界「宇宙」的了解也持續進行中。

科學家認為，宇宙在大約 138 億年前無中生有。物理學上所謂的「無的世界」是指微幅振動出現又消失；這個振動因為某個形勢急遽膨脹，引起宇宙大霹靂。這是最新的說法。目前宇宙正以超越光速的速度持續擴大，據說已經擁有半徑 470 億光年以上的寬度。有些科學家認為宇宙持續加速膨脹的話，在很久以後的未來，宇宙將會發生原子等級的撕裂並毀滅。而這些都是最近十年才知道的事情，能夠知道這些必須歸功於陸續被製造出來的哈伯太空望遠鏡、電波望遠鏡等各式各樣卓越的觀測設備。

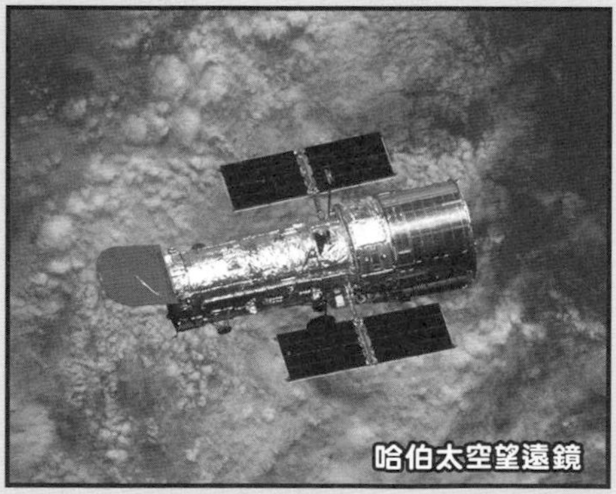

哈伯太空望遠鏡

影像提供／ NASA

地球上存在難以置信的巨大生物與極小生物？

直徑三公里的生物？直徑二十微米的生物？

儘管接下來要談的不是宇宙與基本粒子這類尺寸兩極的話題，不過生物界也存在尺寸差異極大的生物。首先從巨大生物談起，但是這裡要介紹的並不是「藍鯨」。藍鯨的體長確實超過三十公尺，是世界上體型最大的哺乳類生物，不過生物界還有遠遠大過藍鯨的生物——黏菌。

© Seb c'est bien/Shutterstock.com

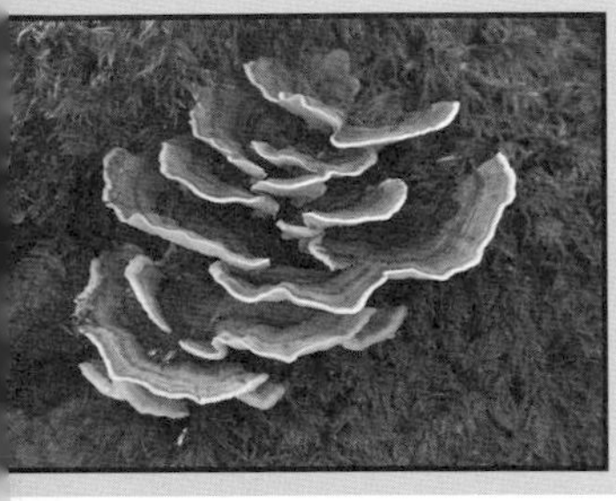

© Chris Moody/Shutterstock.com

黏菌是蕈類的夥伴。蕈類不一定都是一株株獨立的個體，它們也可以遍布在樹木或地下，有著相當於植物根部的「菌絲」，將菌絲加上從菌絲長出來的菇，整個才算是一個個體。這樣的菌絲有時能長到一平方公里以上（在美國發現的黏菌「蜜環菌」據說將近九平方公里），因此黏菌才是世界上最巨大的生物。

相反的，極小生物（除了單細胞生物之外）又是什麼呢？它是一種名為「幸運藻」的藻類。大小只有二十至三十微米（一微米等於一公釐的千分之一）。人類細胞的大小是六至二十五微米，相信各位能夠明白這種藻類有多小了吧！順便補充一點，將它取名為「幸運藻」是因為它由四個細胞構成的外型，很像四葉幸運草。

▼日本研究團隊確認幸運藻會進行細胞分裂，因此稱之為最小的多細胞生物。

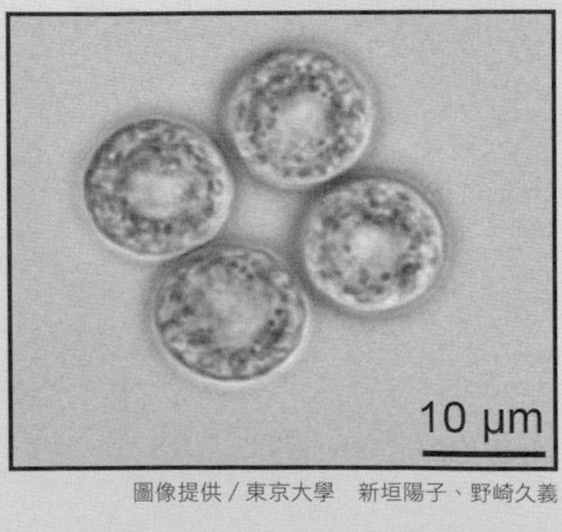

圖像提供／東京大學　新垣陽子、野崎久義

客廳水族館

Q 科學家已經找到三十四億年前的微生物化石。這是真的嗎？

電梯往下直達海底，
厚厚的玻璃構成一間展望室，
美麗的魚兒在窗外遨遊，彷彿置身夢境……
喔，講也講不完，
就算我說破了嘴，
沒去過海底公園的人，
還是無法體會它的魅力。
嫌我們不懂乾脆別說!!
還不是想跟我們炫耀。
鬼才羨慕你呢!!
可是……
好羨慕喔。
對了!!拜託哆啦A夢，
請他帶我們去。
哆啦A夢很怕麻煩的。
我們等你的好消息。

難得在睡午覺。
ピコン
ピコン
※左搖右搖
尾巴動來動去，表示他心情不好。
對了!!
不要吵醒他，
只要跟他借「任意門」就好了。
這是什麼東西!?
「聲音凝固劑」？
沒用。
「縮小燈」也沒用。
「釣魚幫手」、
「活動釣魚池」……
老是拿到沒用的東西。

A 真的。在澳洲三十四億年前的地層中發現，這種微生物似乎靠著吃硫化物生存。

「任意門」快出來！
別亂來，
口袋會壞掉啦。
你亂拿道具!!
到底想幹嘛？
用「活動釣魚池」釣魚，
再用「縮小燈」把魚縮小…
然後做成迷你水族館，用「潛水艇」去參觀嗎!?
原來可以這樣啊。
我想在家裡參觀海底公園。
頭腦真好。

Q 「biohazard」是什麼意思？ ①微生物造成汙染 ②蟲害 ③外星生物攻擊地球

※拉起
グググッ
上勾了!!
※啪沙
※噗通
被拖進去了。
沒事吧？
？
啵噗！
啵噗！
口袋進了好多水!!
都是你剛才亂來，害口袋壞掉了。
放著晾乾。
房間到處都是水。

A ①微生物造成汙染。意指細菌或病毒等危害生活環境。這個字因為電玩遊戲和電影片名（惡靈古堡系列）而廣為人知。

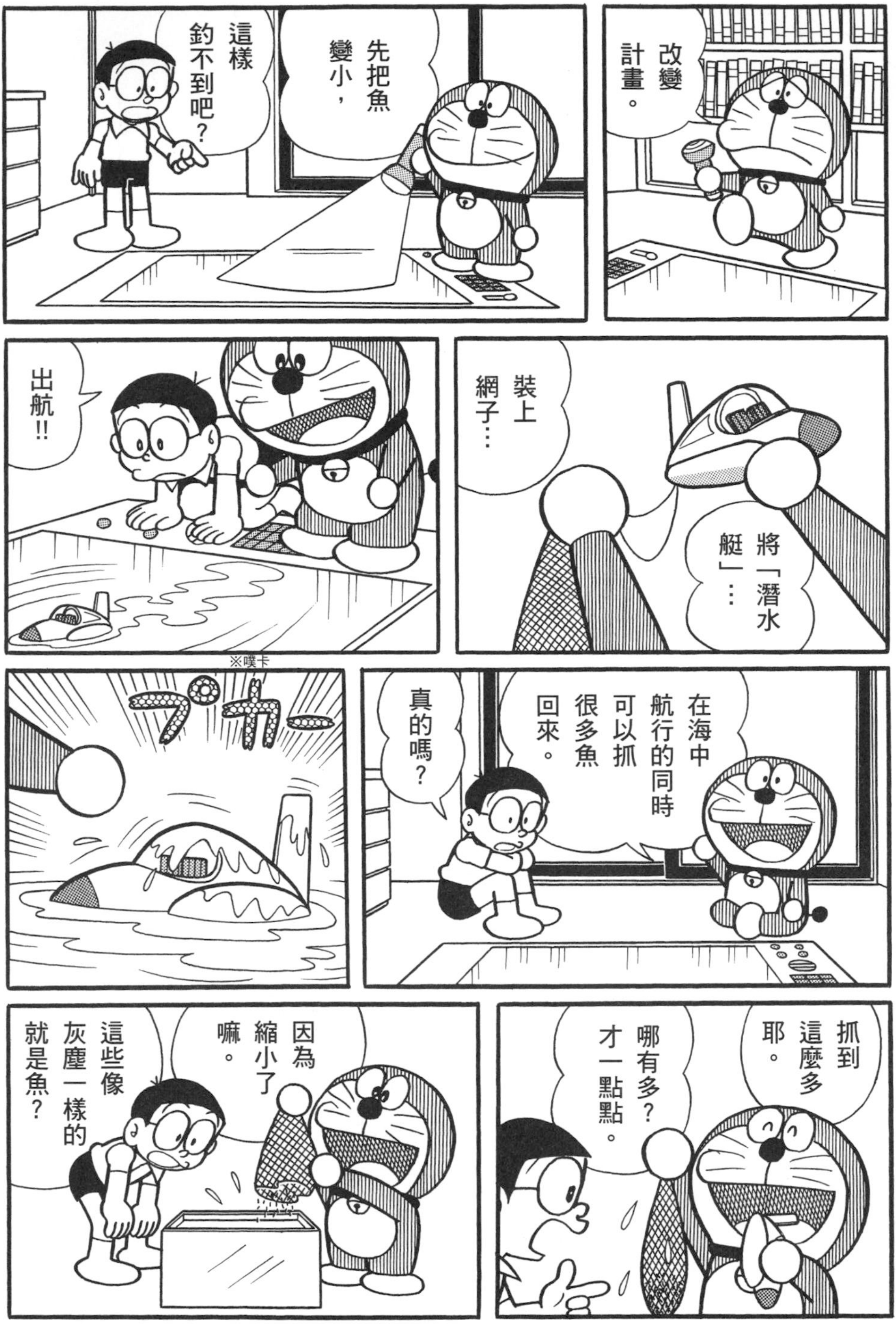
改變計畫。
先把魚變小，
這樣釣不到吧？
將「潛水艇」…
裝上網子…
出航!!
在海中航行的同時可以抓很多魚回來。
真的嗎？
※噗卡
プカー
抓到這麼多耶。
哪有多？才一點點。
因為縮小了嘛。
這些像灰塵一樣的就是魚？

小小世界顯微鏡Q&A

Q 下列何者能夠長黴菌？①玻璃 ②塑膠 ③鋁 ④以上皆是

A
④以上皆是。黴菌在哪兒都能生長，甚至曾經發生電路板發霉長黴菌，導致飛機故障的例子。

什麼也看不見。
我們變小就看得見啦。
首先配合水面寬度，把「潛水艇」變大。
カチ
※按下
ムクムク
※變大
走吧！
※啪
跳躍!!
チャポ
※咻咻咻
※噗通
還是看不見啊。
再縮小一點。

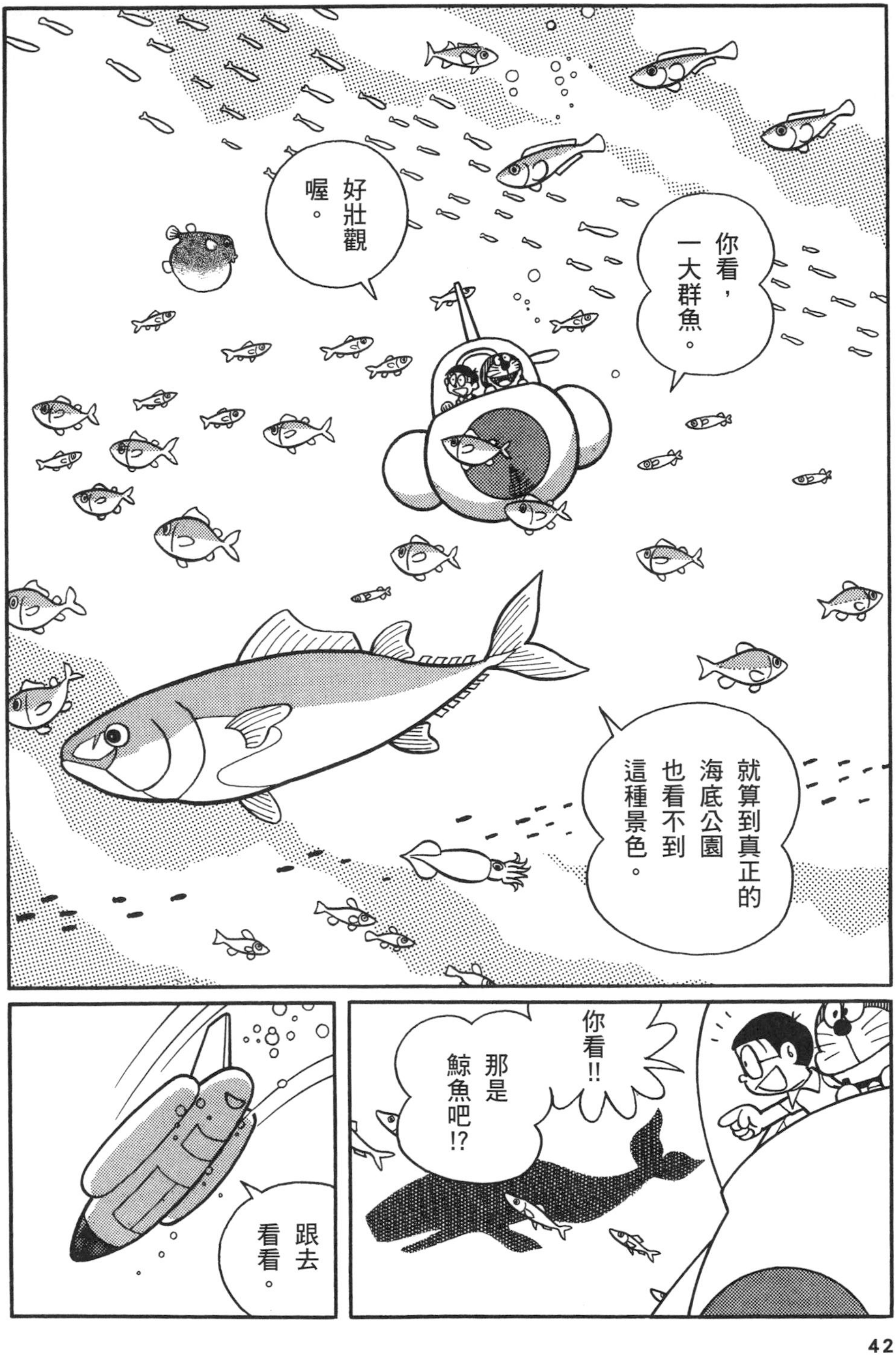
你看，一大群魚。
好壯觀喔。
就算到真正的海底公園也看不到這種景色。
你看!!
那是鯨魚吧!?
跟去看看。

小小世界顯微鏡Q&A

Q 因為長在人類身上而聞名的黴菌是下列何者？①面皰 ②麥粒腫 ③足癬

A ③足癬。稱為白癬的黴菌寄生在皮膚角質層裡導致生病（俗稱香港腳）。

哇……
好大喔。
※啪噠
※碰嘎
撞到魚缸的玻璃。
好像故障了。
※咕嘟咕嘟
逐漸往下沉!!
總算到底了。
※喀咚

深海魚!!
好像沉到很深的地方去了，
在這裡故障怎麼辦!!
緊張什麼？
用「任意門」回去就好了啊。
!!
口袋晾在房間裡!!
先離開這裡再說。
哇啊！快住手!!
我們縮小了，彷彿置身深海當中，一旦出去外面就會被水壓扁的!!
大雄，
幫我買個東西……
是媽媽!!
救命啊！喂～

小小世界顯微鏡Q&A

Q 地球上的蕈類品種數量最接近下列哪個數字？①五百種 ②兩千種 ③一萬種

A

③一萬種。當中已經命名的有三千種。還有許多蕈類不為人知。

聽不到…
對了!!
我有「聲音凝固劑」，喝下去之後一起大聲喊叫。
タスケテ
※快救命啊!
這是什麼東西啊?
タスケテ
※噗通
啊，不要走啊!
天底下居然有這種蠢事!?
被困在自己房間的金魚缸裡出不去!!

大雄現在不在，
進來等吧。
好像有文字浮在裡面，
「命啊救快」四個字。
到底跑到哪裡了……
會不會他們自己先去了？
回去吧，我們被耍了。
無聊死了！
正好恢復原狀！

什麼也看不見。
我們變小就看得見啦。

「微生物」是什麼樣的生物？

肉眼看不見的小生物

現在看看你的四周，你看見了什麼？正在閱讀的這本書、書桌、書櫃、窗外的樹木、天上飛的鳥、路上的行人……。

然而，在這個世界並非只有我們肉眼能夠看見的這些東西，在我們身邊還有許許多多非常小、小到肉眼看不見的「微生物」存在。

假如有一天人類的雙眼能夠看見微生物的話，世界會發生大騷動吧！因為當我們環顧四周時，會發現無論任何角落都有微生物的存在。

就像此刻在你閱讀這本書的同時，你的四周也是有許多微生物正在活動，頻頻與人類社會互動著。

插圖／加藤貴夫

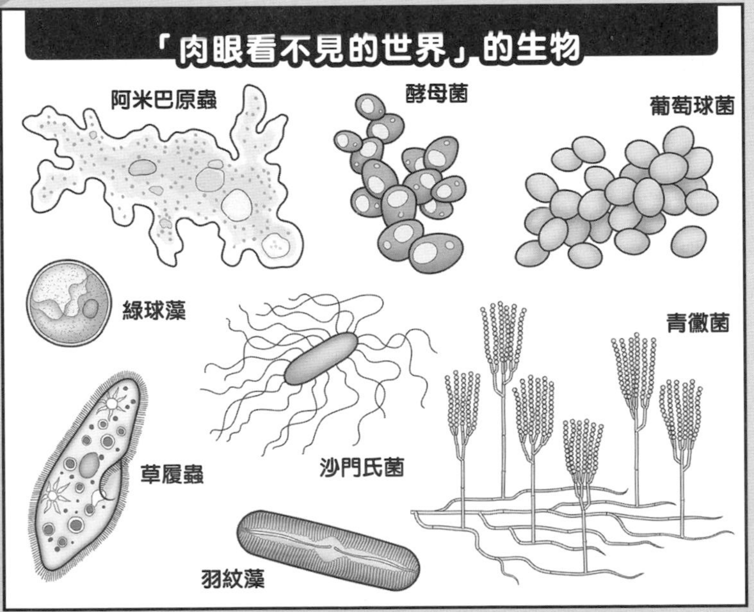
「肉眼看不見的世界」的生物
阿米巴原蟲
酵母菌
葡萄球菌
綠球藻
青黴菌
草履蟲
沙門氏菌
羽紋藻

▲即使小到肉眼看不見，只要站在微生物的立場就會發現，微生物其實也有各式大小和形狀。

微生物住在「哪裡」？數量有「多少」？

水、土壤、體內……它們住在任何地方！

問起「地球上最活躍的生物是什麼？」你一定會回答「人類」吧！但是有研究學者認為「微生物」才是所有生物中最活躍的。

整個地球上的人類數量大約為七十億，微生物則是每一公克的土壤裡就大約有幾十億個。

而且，除了在人類適合居住的地方有微生物，在人類無法生存的嚴峻環境裡也有微生物存在。

插圖／佐藤諭

▲ 平常肉眼無法看見，因此很難想像微生物的模樣！

「微生物」也包括各式各樣的種類！

想要觀察肉眼無法判斷、位在我們無法前往地方的微生物十分困難。幸虧有前人毫不懈怠的努力，我們今日才能知道微生物的樣貌、大小與生活狀況。

同時，微生物與其他生物的分類、系統（演化上的關聯）關係也逐漸明朗。目前地球上所有生物依系統演化分類分為三域：「細菌域」、「古菌域」，以及「真核生物域」。

「三域系統」的主張具有系統演化的基礎，獲得許多研究學者的支持，也讓我們因此明白了微生物跨越各類領域，廣泛的

▼ 微生物的分類研究與時俱進。

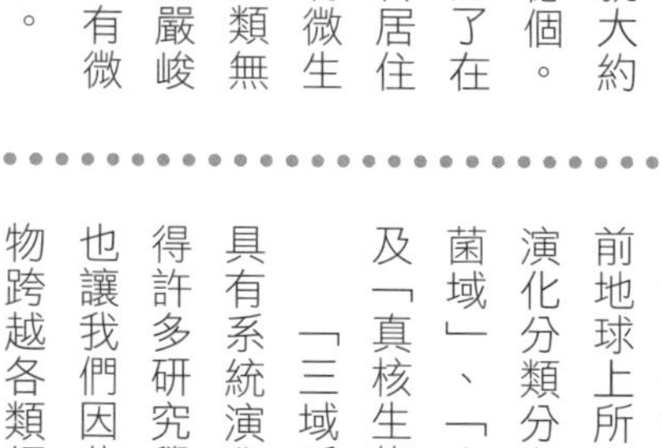
雙界系統、
三界、四界、
五界系統、
三域系統……

插圖／佐藤諭

存在於各界。

微生物的研究尚未看到終點，不過近年來在基因分析上也持續發展。我們漸漸知道微生物在漫長的演化史中，如何與其他生物相依並延續生命。

調查橫跨三域的微生物如何演化，也可以讓人類更加了解地球的生命史。

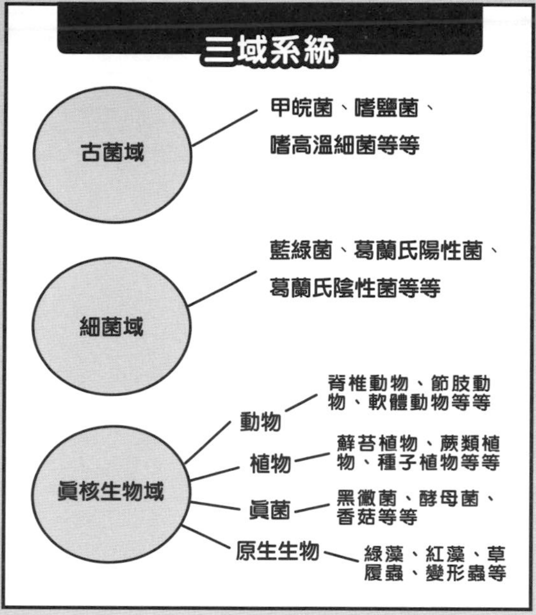
三域系統
古菌域
甲皖菌、嗜鹽菌、
嗜高溫細菌等等
細菌域
藍綠菌、葛蘭氏陽性菌、
葛蘭氏陰性菌等等
眞核生物域
動物
脊椎動物、節肢動物、軟體動物等等
植物
蘚苔植物、蕨類植物、種子植物等等
眞菌
黑黴菌、酵母菌、香菇等等
原生生物
綠藻、紅藻、草履蟲、變形蟲等

▶以系統演化為基礎的三域系統分類，將生物分成細菌域、真核域以及古菌域。

已知的種只占全體數量的百分之一？

當古代人看到疾病流行、物品腐爛、發酵等事情發生時，總是以為那是人類知識無法理解的惡魔，或是神祇所造成的。直到放大鏡和顯微鏡發明之後，我們才了解這些其實都是微生物耍的把戲。

科學家認為，截至目前為止，人類發現的微生物種類僅占地球上所有微生物的百分之一。新種的發現、全新的研究等將能夠進一步拓展微生物的世界。

特別專欄

微生物懂得打造電腦？

微生物雖然缺乏像我們一樣能夠思考的腦袋，卻會採取與人類相同的行動。

舉例來說，有研究報告指出，屬於原生生物的「黏菌」為了更有效率的獵捕自己的食物「細菌」，單細胞的黏菌會互相合作，建立類似電腦的網絡。

小小的微生物其實也具備無可計量的能力！

這是什麼東西啊？

調查微生物的構造與大小吧！

了解「眞核生物」與「原核生物」的不同

動物與植物是由幾十億個細胞集結所形成的「多細胞生物」，具備有「分泌細胞液」、「傳導神經刺激」等特定功能的細胞聚集在一起通力合作，才能成為一個生命體。

相反的，微生物則是由單一細胞形成的「單細胞生物」，因此一顆細胞就是一個生命體。所謂的細胞是構成所有生物的基本單位（請參考第九十頁），外側有「細胞膜」包覆，隔絕外界；細胞膜內有遺傳資訊，會根據細胞的種類決定用途。

不同微生物的細胞有不同的大小與形狀，可分為細胞內含有「細胞核」的「真核生物」，以及沒有細胞核的「原核生物（細菌與古菌）」。真核生物的遺傳資訊儲存在細胞核裡。

不管是真核生物或是原核生物，在我們看來都是「非常小的生物」。不過，還是有一些微生物比它們還要小，這些微生物就是因為會引發傳染病而廣為人知的病原體，也就是「病毒」。

病毒比可以用光學顯微鏡看見的真核生物以及原核生物還要更小，必須用電子顯微鏡才能夠勉強看見。它們也不具有細胞，因此有科學家認為它們不是生物。

插圖／加藤貴夫

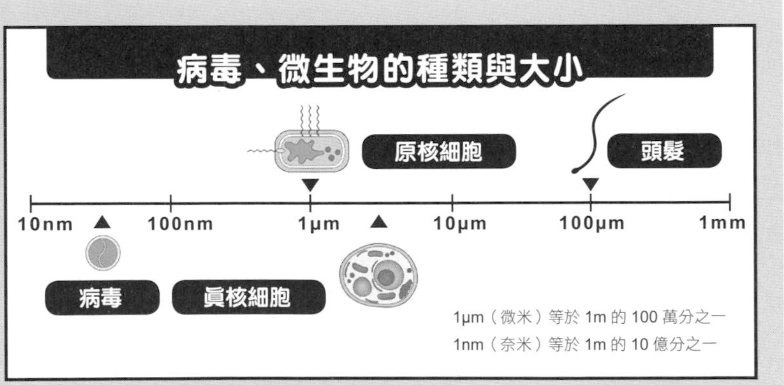

病毒、微生物的種類與大小
原核細胞
頭髮
10nm
100nm
1μm
10μm
100μm
1mm
病毒
眞核細胞
1μm（微米）等於 1m 的 100 萬分之一
1nm（奈米）等於 1m 的 10 億分之一

插圖／加藤貴夫

病毒與微生物的構造差異

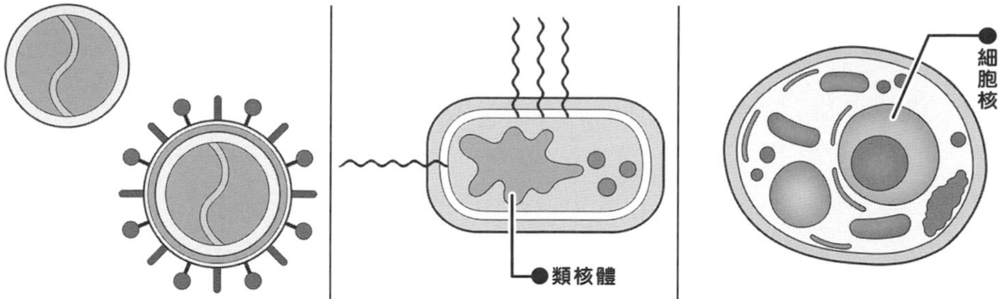

病毒

單獨存在的話無法自行複製，必須侵入細胞內部增生。沒有生物最小單位的細胞，這點是病毒與微生物的不同之處。

細菌與古菌

存在於地球上所有地方，主要利用細胞分裂自行增生。被稱為原核生物，沒有真核生物的細胞核。

真核生物

主要附著在生物或屍體上長出菌絲。包括菌類在內的真核生物，在細胞內有個被核膜包覆的細胞核。

真核生物的夥伴與原核生物的夥伴

最廣為人知的單細胞真核生物就是香菇、黴菌等「菌類」（請參考第六十二頁）與眼蟲藻等「原生生物」（請參考第六十六頁）。

另一方面，「原核生物」則可以分為「細菌」和「古菌」兩大類。

但是，如同在第四十八頁中也提到過的，這種分類方式並非絕對。微生物儘管屬於單細胞生物，卻也擁有不輸給動植物的多樣性。

特別專欄

細菌存在代表「長大」

人類腸子裡住著許多種類的「細菌」，重量大約有 1.5 公斤。但是，嬰兒在母親體內剛成型時，身體內沒有這些細菌，直到離開母親的肚子出生、呼吸、吸吮母奶、吃飯之後，這些細菌才陸續進入消化器官，並且逐漸增加。

這些被稱為「腸道細菌」的細菌能夠預防生病、幫助食物消化，對我們來說很重要，擁有這些細菌，我們才能夠長大獨立，好好過生活。

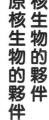

巨大的銅鑼燒

節制一點!!
一天之內喝這麼多會蛀牙，對身體也不好！
要喝的話就去喝水。
光喝水多無聊啊。
我又不是金魚。
※唧唧唧唧

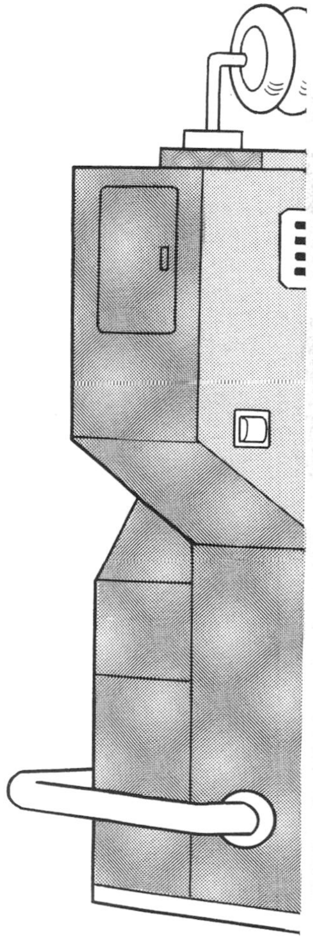

※收

那是什麼？
沒、沒、沒有、什麼都沒有！
我之前留著的銅鑼燒給你嘛。
真的嗎!?
那好~
可是……
還是不要好了，
這個使用不當的話是非常危險的，也許還會讓人類滅亡……
…………………
不過……小心一點就好。
「細菌製造機」，
這是可以培養出新種細菌的實驗裝置。

小小世界顯微鏡Q&A

Q 下列何種蕈類實際上不存在？
① 金色菇 ② 夜光菇 ③ 飛菇

A

③飛菇。夜光菇以「月夜蕈」最有名，在黑暗中發光的樣子很美但有劇毒，切勿食用！

細菌？
為什麼要做那種東西？
把植物製造成酒、味噌及醬油，
用蛋白質合成人造肉品，
治療病痛的抗生素等等，
都是要靠細菌才能完成的。
那有把水變成果汁的細菌嗎？
或許可以做得出來。
但是，我現在研究的是用水合成銅鑼燒的細菌。
製造新的細菌，要從原菌染色體的DNA進行改造，再將遺傳因子……
聽起來很難，你做給我看就好。
這哪有那麼容易？不是那麼簡單可以調配出想要的細菌的。
叮——！

新品種做好了。
好了嗎!?
還真小心。
如果是有毒細菌就糟了…
細菌在這裡面嗎？
接著要來測試菌種。
滴一滴水下去。
沒有任何反應。
把紙屑丟下去。
鐵釘……
塑膠袋……
碎布……
什麼反應都沒有。
哈啾！
細菌都被吹跑了啦！
咦!?

小小世界顯微鏡Q&A

Q 有種菇會寄生在活蟲身上，這種菇稱為什麼？①春夏秋冬 ②冬蟲夏草 ③花鳥風月

銅鑼燒被……
我知道了，
這是把銅鑼燒變成空氣的細菌。
這種沒用的細菌要消滅掉！
等一下，太可惜了。
說不定會有什麼用。
我已經製造了三百八十八種細菌，沒一個有用的。
慢慢嘗試吧！
是哆啦A夢的作法不對吧。
讓我試試看！

A ② 冬蟲夏草。「冬天是蟲子，夏天卻變成草」，因此稱為冬蟲夏草，是相當珍貴的中藥材。

做了很多種，
還真的沒什麼能用的。
咦？這是……
樹葉溶化得像水一樣。
好甜！
多收集一些樹葉來試試看。
在裡面加入細菌，
好好攪拌一下。
開始發酵了。
好香的味道。
ゴク ゴク
※咕嚕咕嚕
好喝!!
請大家一起喝吧！

小小世界顯微鏡Q&A

Q 土裡長出的菇傘，相當於植物的哪個部位？①葉子 ②根 ③花

A ③花。花朵利用授粉方式製造種子，繁衍子孫，菇傘也會撒出孢子，繁衍子孫。

真好喝!!
沒喝過這麼好喝的果汁。
是哪裡賣的？
這是祕密。
真是一個大發現。
命名為大雄果汁來賣吧！
就像可樂一樣，推廣到全世界。
為什麼會膨脹起來呢？
成功了！
是銅鑼燒!!
而且越來越大了。
哆啦A夢一定會很高興吧！

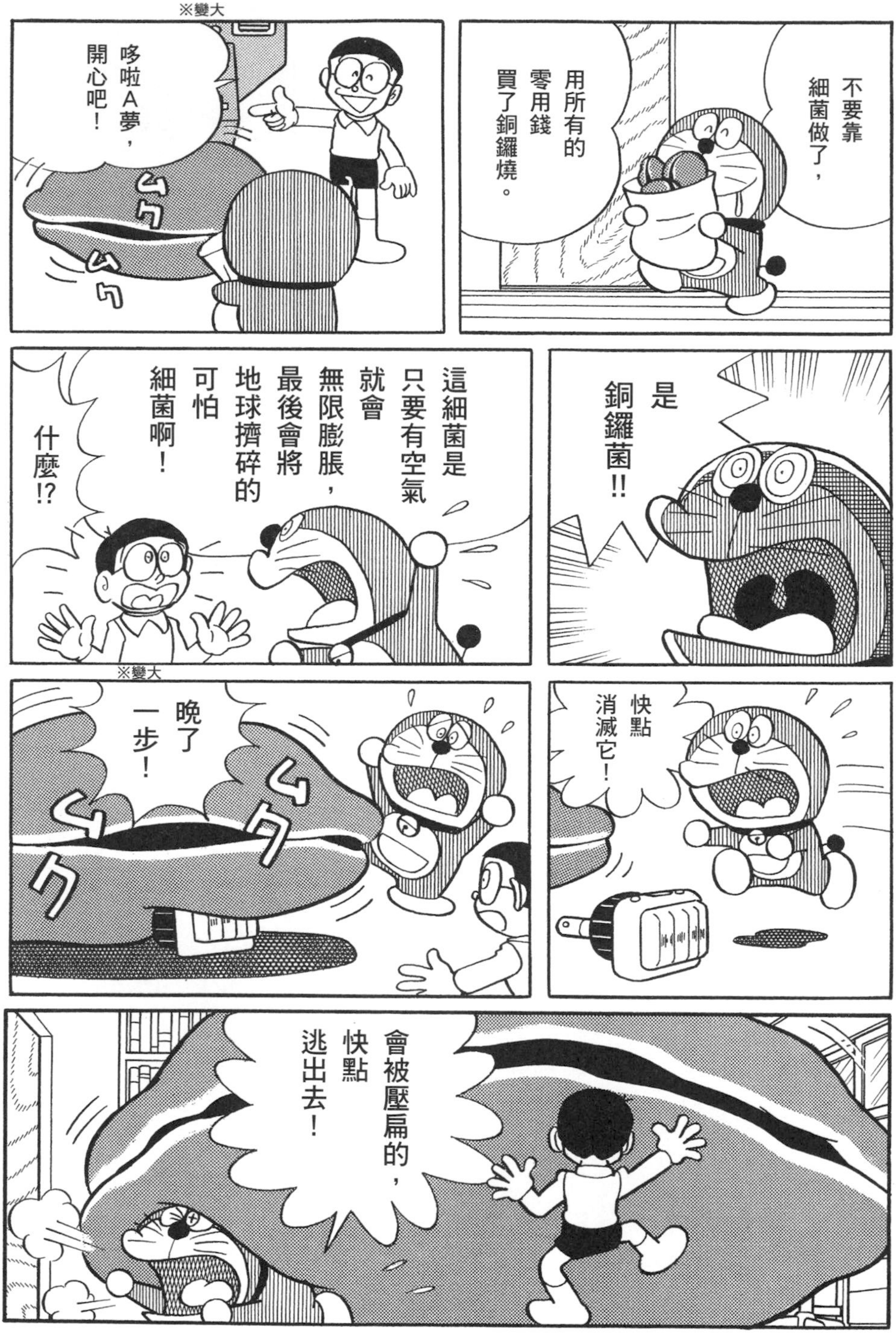
不要靠細菌做了，
用所有的零用錢買了銅鑼燒。
※變大
哆啦A夢，開心吧！
ムク
ムク
是銅鑼菌!!
這細菌是只要有空氣就會無限膨脹，最後會將地球擠碎的可怕細菌啊！
什麼!?
快點消滅它！
※變大
晚了一步！
ムク
ムク
會被壓扁的，快點逃出去！

小小世界顯微鏡Q&A

Q 發霉的麵包或年糕只要去除發霉的部分就可以吃。這是真的嗎？

該、該怎麼辦？
我也沒有辦法啊！
房間快要被擠爆了!!
是剛才那個把銅鑼燒變成空氣的細菌解除危機的。
連我買的銅鑼燒都沒了!!

A 假的。眼睛雖然看不見，不過除了表面的黴菌之外，內部已經長滿了菌絲。

細菌在這裡面嗎？
接著要來測試菌種。

香菇和黴菌是什麼樣的生物？

攝取營養的方式與動植物不同？

香菇和黴菌都被分類為「真菌類」，是屬於細胞內的細胞核有核膜包覆的「真核生物」的夥伴（請參考第五十一頁）。

相信有些人會認為：「香菇生長在森林裡，應該是『植物』吧？」但菌類是不同於植物、也不同於動物的另一種生物。

植物利用光合作用在體內自行製造營養；動物透過嘴巴攝取食物，在體內消化並吸收營養，然而另一方面，菌類則是在體外分解食物，然後才吸收營養。

長出香菇的土壤或枯木、發霉的腐敗食物裡頭，遍布著稱為「菌絲體」的組織所形成的細網。我們稱為「香菇」或「黴菌」的東西，只不過是肉眼可見的整體當中的一小部分罷了。

菌類、動物、植物的營養攝取方式

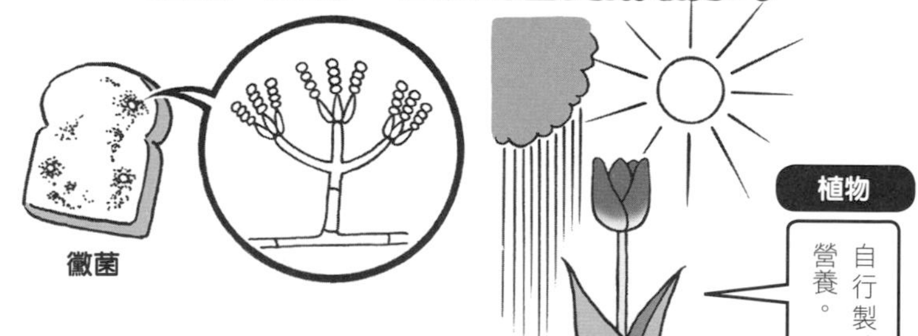
黴菌
蕈類
植物
自行製造營養。
動物
把食物吃進體內，取得營養。
菌類
在體外分解營養的來源，吸收變小的物質。

插圖／佐藤諭

並非所有稱爲「○○菌」的東西都是菌類！

許多微生物的名字裡都有個「菌」字，但它們不一定全都屬於「菌類」。大腸桿菌、納豆菌則屬於原核生物的細菌類，酵母菌雖然名字是「某某菌」，但可不要因此而將它判斷為菌類喔！

菌類的面貌

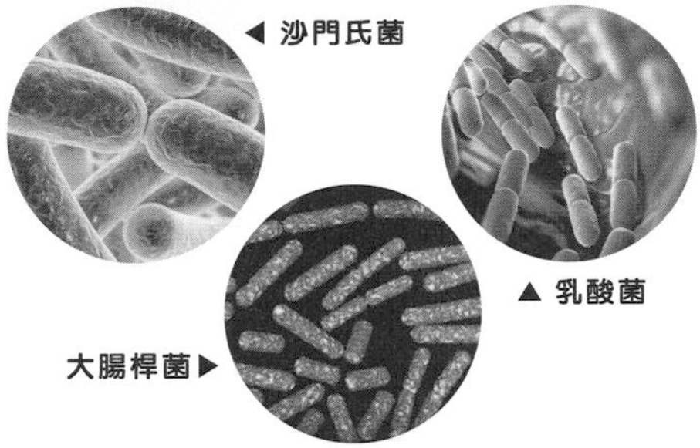

順帶補充，在英文裡，真菌類稱為「fungi」，細菌類是「bacteria」，兩者很明顯是不一樣的。不知道為何中文裡要使用這樣令人混淆的名稱呢？

或許是因為我們對於微生物總是抱持某種特定印象的緣故吧！

對於「細菌」這名稱的大誤解是……？

我們常常會聽到大人說「手上有細菌，趕快去把手洗乾淨」、「到處都是細菌，不可以亂摸」等等，只要覺得骯髒，或是可能引起疾病的，都常常被概括的說那些都是「細菌」造成的。這樣子的負面印象也不知道是從何時開始的，但其實「細菌」並不全都是那麼的壞。

事實上，不管是真菌或是細菌，都是人類能夠存活非常重要的夥伴喔！

下一頁我們就將介紹真菌在自然界中的功用。

◀菇不是植物而是「真核生物域真菌類」中的一種，據說菇的種類大約有六萬兩千種以上。

有利於我們生活的「菌類」從事何種「工作」？

樹葉溶化得像水一樣。

我們食用且利用菌類製造的東西

許多我們自古流傳至今的食品和調味料，如：味噌、醬油、柴魚片、米酒等，多半都是由黴菌「發酵」所製成的。

所謂發酵，就是糖分被分解形成乳酸或酒精等。菌類在攝取營養時製造出來的東西，便成了我們的食物。

另外，生病或受傷時服用的「抗生素」是由黴菌與細菌所製造出來的藥物。

黴菌製造的物質中，有些東西對病原體（請參考第八十頁）來說有毒，對人類來說卻不成問題。而最早利用這種性質製造的抗生素，就是從青黴菌裡提煉出來的「盤尼西林」。

多虧有盤尼西林等各式各樣的抗生素，才使得原本被視為「不治之症」的肺炎、敗血症、破傷風等傳染病都能夠被治癒。

插圖／佐藤諭

菌類在餐桌上十分活躍！
●味噌
↑麴菌
●啤酒
↑酵母菌
●起司
↑黴菌
●麵包
↑酵母菌
●醬油
↑麴菌

▲我們利用菌類生產食品當作日常生活的食物，也會吃香菇、松茸等菌類。

插圖／佐藤諭

沒有菌類的話，森林可就糟了！

假如自然界沒有菌類的話……？

菌類主要是靠分解並吸收動植物的屍體，藉此取得生存的能量，我們稱這種過程為「腐爛」，並對此抱持負面印象。但是地球上的動植物得以生存，也是拜這個腐爛的過程所賜。

在動物與植物死亡之後，菌類會聚集在屍體上，將屍體中的蛋白質分解成硫化氫和氨，回收供自然界再次使用。假如沒有菌類的話，整個地球將會被所有「不會腐爛」的動植物屍體給淹沒。

所以說，菌類是維持地球平衡的重要角色。

插圖／佐藤諭

菌類在森林裡的生活方式

菌類在森林（大自然）裡的角色包羅萬象。即使看起來隨意生長，事實上菌類與其他動植物休戚相關，負責確保自然界的平衡。

分解生物屍骸，化為土壤，
吸收一部分當作營養。
負責打掃森林
負責培育森林
從樹木得到營養的同時，
也把自己的養分分出去。
負責整理森林
寄生在生物上造成死亡，以結果
來說是調整生物的數量。

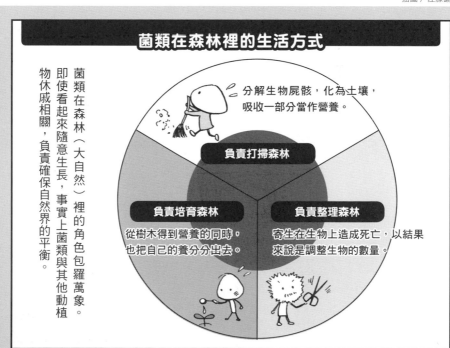

微生物能夠解決未來的能源問題？

「藻類」可以幫助我們的生活

眼蟲藻是擁有光合作用能力的原生生物，能夠像植物一樣行光合作用、儲存養分，另一方面也能夠利用身體前端的「鞭毛」在水中移動，像動物一樣從外部取得食物。

插圖／加藤貴夫

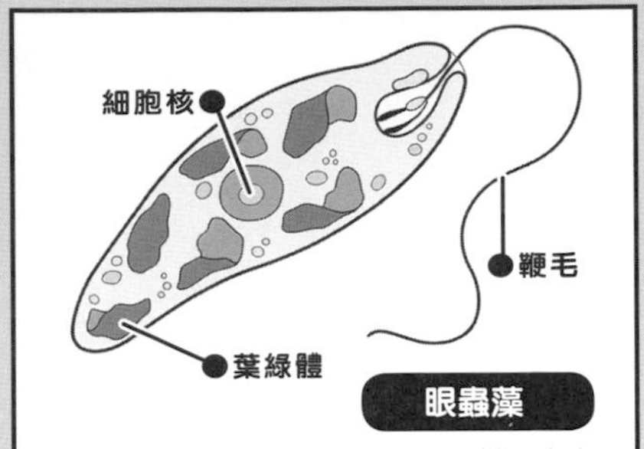

這種奇妙的微生物能夠像植物一樣行光合作用，也能夠像動物一樣攝取食物。

除了生長在陸地上的植物之外，類似眼蟲藻這類會行光合作用的生物，都稱為「藻類」。研究眼蟲藻帶來的重大意義，就是解開了光合作用的原理。

最近有甜點因為加入眼蟲藻而聲名大噪，人們也開始嘗試將眼蟲藻當作食材使用。

事實上各領域都在研究，如何將微生物應用在我們的日常生活中。以微生物當作原料的「生質燃料」研究也是其中一例。

「叢粒藻（或稱葡萄藻）」是能夠自行產油的微生物，生活在全球的湖泊和沼澤裡。如果科學家開發出有效增加叢粒藻的技術，萃取出許多油的話，或許就可以當作驅動車輛或飛機的燃料。

這類的研究開發才剛剛起步，距離普及化還有許多問題尚待解決，但已有多位研究學者正積極投入尋找及研究對人類有益的微生物。

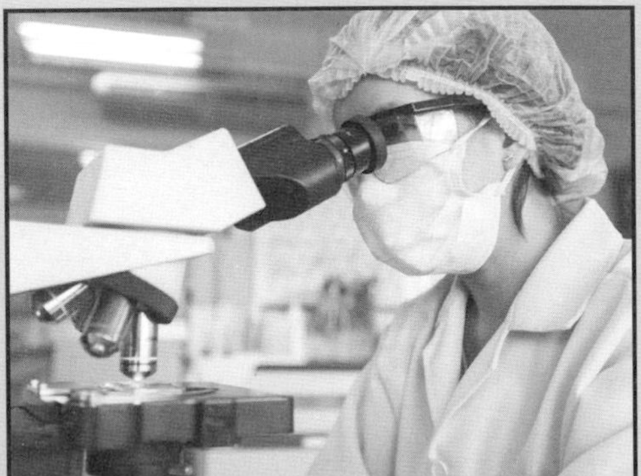

© Paradise Picture/Shutterstock.com

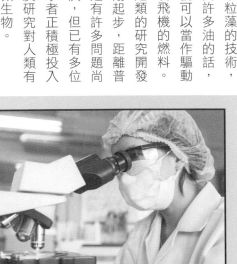

宇宙戰艦
襲擊大雄

Q 位在距離地表約四百公里上空的ISS（國際太空站）裡沒有微生物。這是真的嗎？

我的阿姨作了一個墜機的惡夢。
連續三天都作了同樣的夢。
因為心裡覺得毛毛的，所以就把出國旅遊的日期延後，
結果……
阿姨原本要搭的那班飛機真的發生意外……
咦——這麼說來，靜香的阿姨是託這個夢的福，才撿回一條命。
啊哈哈~這只不過是巧合罷了。
是嗎……
不能這麼斷言喔！
事實上，真的有很多關於「預知夢」的例子。人類的確常常會出現類似這樣的超能力喔。
出木杉你真的懂好多喔。
我想起來了，我家爺爺戰死時……

A 假的。即使進入宇宙，只要有人類存在的環境，微生物都可以生存。

那是騙人的吧？
那是真的。
連哆啦A夢都這麼說……
ガク
※挫折
「預知夢糖」。
當有危險逼近的時候，它就會在夢中預先告訴我們。今天晚上就來試試吧。
現在就先來試試看。
反正一定又是夢到被老師或媽媽罵，不然就是被胖虎追著打吧。
你很囉嗦耶。
好像已經開始作夢了。
鼾……
ゴゴゴ……
※轟轟轟

ゴゴゴ…
嗯!?
※轟轟轟
這個夢……
是怎麼回事……
※轟轟
ゴゴ
為了征服宇宙，我們踏上了幾百萬光年的宇宙之旅……
還是找不到適合我們居住的星球。
ゴゴゴ
※轟轟轟

小小世界顯微鏡Q&A

Q 聽說有一種可怕的細菌稱為「食肉菌」。這是真的嗎？

A 真的。一旦被感染，從手指和腳趾開始，短時間之內細胞就會逐漸死亡，因而得名。

長官，您看看右側前方的星球。
哪裡？
不僅有空氣和水，好像還有生物居住耶。
好！就決定征服那顆星球吧!!
ガバ
※醒來
你作了可怕的夢啦？
什麼？外星人要來征服地球!?
可、可是……這實在太不真實……
你這樣一說……我也覺得很難相信。
可是「預知夢糖」是絕對不會說謊的。
你再繼續睡好了。也許可以看到他們接下來的動靜。

小小世界顯微鏡Q&A

Q 食物密封隔絕氧氣的話，就能夠防止細菌繁殖。這是真的嗎？

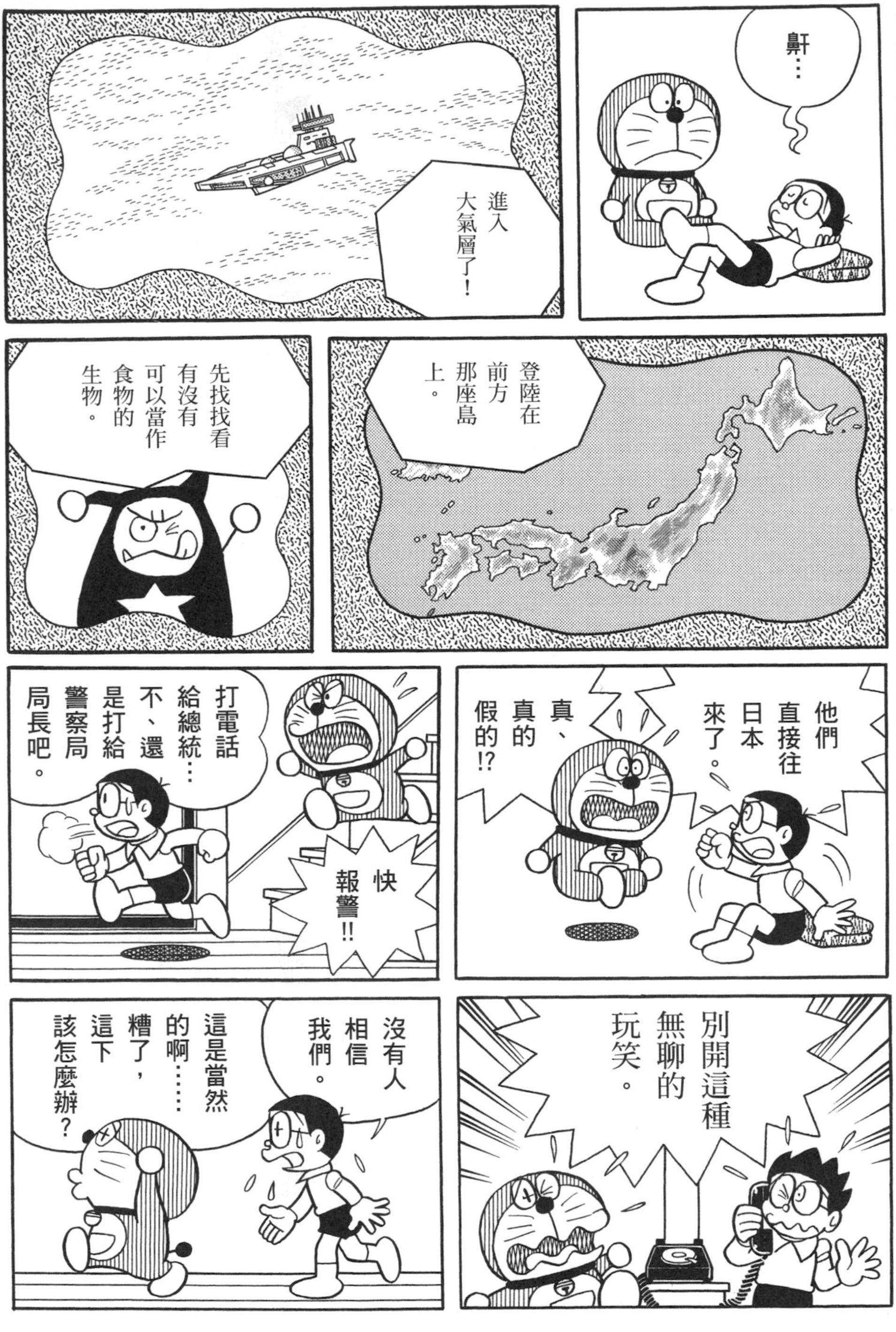
鼾……
進入大氣層了！
登陸在前方那座島上。
先找找看有沒有可以當作食物的生物。
他們直接往日本來了。
真、真的假的!?
打電話給總統……不、還是打給警察局局長吧。
快報警!!
別開這種無聊的玩笑。
沒有人相信我們。
這是當然的啊……糟了，這下該怎麼辦？

A 假的。舉例來說，能夠製造劇毒的肉毒桿菌在缺乏氧氣的環境仍然能夠繁殖。過去也發生過此種細菌引起食物中毒的案例。

媽媽會相信我們嗎……
要跟我商量什麼事嗎？
說了也是白說吧。
？
也許你們不肯相信……
不過這可是攸關人類的生存或滅亡啊……
啊哈哈哈哇哈哈哈嘻嘻嘻嘻……
跟他們根本說不通。
要不要去跟出木杉說說看？
對喔，出木杉很聰明，也許會相信我們說的……
什麼！外星人!?
不得了，我們得趕快想個對策才行。
你相信我們嗎？
!!

為了預防這種危急時刻的到來，我一直都在偷偷研究太空飛彈。今天晚上我會想辦法完成的。
真不愧是出木杉。
對不起！剛剛竟然取笑你們。
也讓我們加入地球防衛隊吧。
到了這種地步，我們只好挺身而出，來保護地球了。
我們該如何對抗宇宙戰艦？
請大家提出意見吧。
呃～～連一個方案都沒提出來，就已經天黑了。
啊啊～該怎麼辦才好啊？
快到吃晚飯的時間了耶。
晚餐和地球哪個重要啊？
不知道出木杉的太空飛彈做得怎麼樣了。
問完就回來喔。
什麼!?你們當真啊。
你說什麼!?

小小世界顯微鏡Q&A

Q 有化學家為了證明霍亂的發生並非霍亂弧菌引起，不惜吞下霍亂弧菌。這是真的嗎？

A 真的。吞下霍亂弧菌的人是德國醫師佩騰科夫。他雖然沒有發病，不過拉肚子拉得很厲害。

今天是四月一日愚人節啊，反正好玩，所以我就假裝被大雄騙啊。
ボカ
※踹
你竟敢騙我們。
大雄，振作點。
唔…
發現兩隻生物！
嗯～…看起來好像很難吃…
總之先吃吃看再說吧。
前進!!
ゴゴゴ…
※轟轟轟
呀啊!!
哇——他們朝著我來了。

※飛入
パク
好像有東西跑到我的嘴巴裡了…
是蟲吧？
先別管這個，宇宙戰艦在哪裡？
嗯…好奇怪喔…
大雄振作一點好不好？
怎麼了？
我突然覺得好冷喔。
哇！好燙喔!!
呃~好難受喔~~
忍耐一下，我用「醫生手提包」幫你檢查看看。
奇怪？
你的胃裡有怪東西。
都是些我沒看過的細菌。
這就是你不舒服的原因吧。

小小世界顯微鏡Q&A

Q NASA（美國太空總署）已經發現外星生物。這是真的嗎？

A 假的。NASA雖然曾經宣稱在地球上找到「吃砷的細菌」，提高了外星生物存在的可能性，但後來又聲稱是一項錯誤。

※注入
幫你打一劑「超強力疫苗」喔。
プチュ
好痛喔。
全員撤退!!
※飛出
原來是細菌要征服地球。
你可不能小看細菌喔。
要是奇怪的傳染病在全世界蔓延開來就糟了。
我們總算保住地球了。
咳咳！
咳咳!!
搞不好是要來征服地球的病毒，我幫妳看看啦。
愚人節都過了，還在玩啊？

何謂細菌的驚人「生命力」？

都是些我沒看過的細菌。
這就是你不舒服的原因吧。

有些細菌可以在數小時內從一個增生到一百萬個！

微生物當中，屬於「原核生物」（請參考第五十頁）的細菌域，也具有驚人的生命力與增生力（增加數量的能力）。甚至有細菌能夠在幾個小時之內就從一個增生到一百萬個。

插圖／佐藤諭

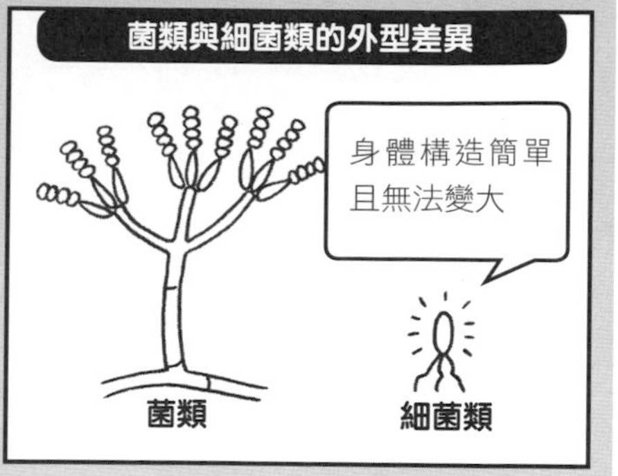
菌類與細菌類的外型差異
身體構造簡單
且無法變大
菌類
細菌類

其實，細菌不只是存在於我們周遭環境裡，甚至也生活在我們的身體裡。人體的內部維持著適合的溫度和溼度，而且有許多養分，對於細菌來說是絕佳的住處。聽到這裡，也許有人會覺得：「唉喲，好噁心！」

光是人類的腸道內就「養著」一千種以上、一百兆個細菌？

但是，集中活躍於我們的皮膚、口腔、鼻腔、臀部等與人體外部環境接觸部位的細菌，卻能夠幫助我們預防病原菌的入侵以及感染的。

在另一方面，據說腸道裡包括比菲德氏菌、大腸桿菌等在內，總計有一千種以上的細菌居住著，負責幫助我們分解食物或生產維生素。

▲光是住在腸道裡的細菌，數量就有大約一百兆個。

插圖／佐藤諭

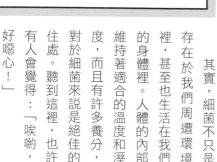

「好菌」、「壞菌」只是人類的看法！

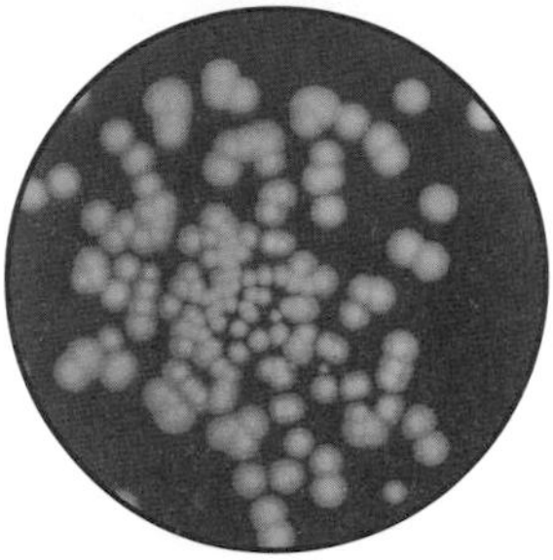

枯草桿菌

☺ 納豆菌也是一種枯草桿菌，用來製造納豆。

☹ 導致食物腐壞最具代表性的細菌。

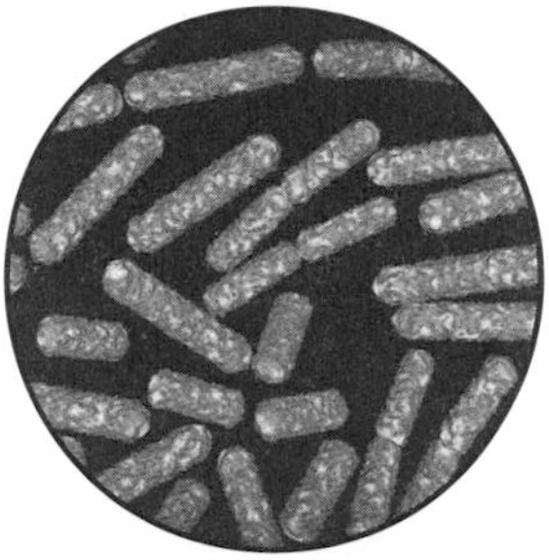

大腸桿菌

☺ 大腸桿菌在人體腸道內的作用是合成維生素 B 群。

☹ 病原性大腸桿菌會引起食物中毒，有時甚至造成人類死亡。

一聽到細菌，我們不自覺就會認為「那是導致生病的壞生物」，事實上，我們體內有許多與人類共生並負責保護我們的細菌。

在區分腸道細菌時，一般人常用「好菌」、「壞菌」來形容，不過這只是人類的看法。即使對我們來說有害的細菌，從整個自然界的角度來看，也多半都有益處且不可或缺的。人類以「會引發傳染病或食物中毒」等原因胡亂消除細菌的話，只會破壞平衡，導致意想不到的惡果。我們必須想想如何與細菌和平共處。

特別專欄

體內細菌引起的「伺機性感染」是什麼？

我們常常稱總是會觀察四周氣氛、選擇對自己有利一方的這種人為「牆頭草」。人體裡卻也細菌會做出這類的舉動，這種細菌引起的傳染病就稱為「伺機性感染」。

舉例來說，生活在土壤、潮溼處以及人類腸子裡的黏質沙雷氏菌（也稱聖誕菌），平常雖然無害，但是在手術後或是身體虛弱、抵抗力較差的時候，就會造成感染。

這種細菌會導致肝臟與腎臟失去功能，有時還會致命，必須留心。

細菌爲什麼會引發疾病？

「感染」、「發病」是什麼意思？

「傳染病」是指存在於空氣中、水裡、土裡或是動物身上的微生物入侵人體，所引發的疾病。

在我們的身邊有許多肉眼看不見的黴菌、細菌等微生物，當中會引發傳染病的稱為「病原體」。

所謂的「感染」是指這些病原體進入人體，並在人體內定居的狀態。

但是就算遭到病原體的感染，也不一定會導致生病。因為人體具備有保護身體、防禦病原體的「免疫」系統。

病原體一旦進入我們的體內，免疫系統就會自動啟動，保護身體的細胞也會發揮作用。如果免疫系統戰勝病原體的話，就能夠避免「發病」。

插圖／佐藤諭

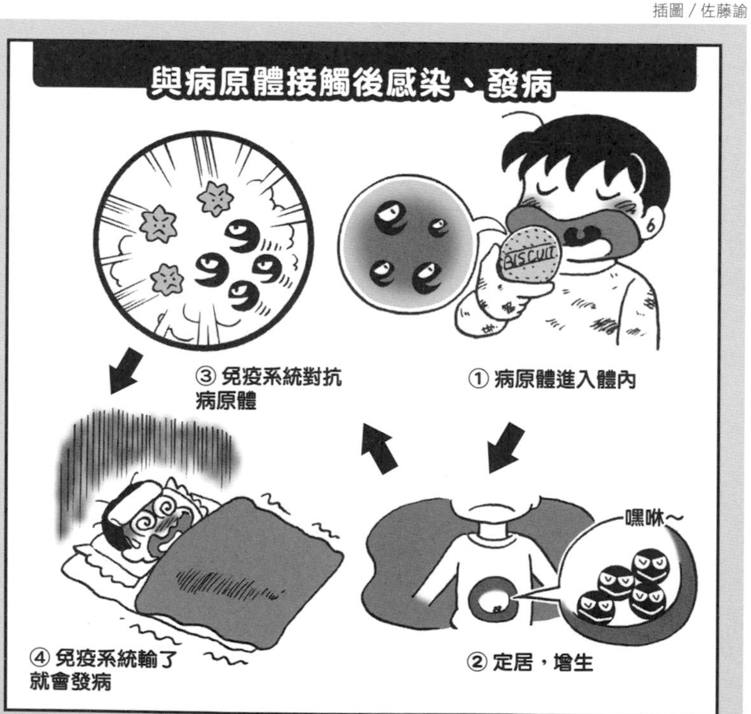
與病原體接觸後感染、發病
BISCUIT
① 病原體進入體內
嘿咻～
② 定居，增生
③ 免疫系統對抗病原體
④ 免疫系統輸了就會發病

常見的傳染病有哪些？

	麥粒腫	食物中毒	感冒・鼻病毒
細菌、病毒	・葡萄球菌 等	・沙門氏菌 ・大腸桿菌 O-157 等	・感冒鼻病毒 等
原因	眼皮邊緣或睫毛根部發生細菌感染所導致。不會傳染。	攝取遭細菌或病毒感染的食品或飲水導致發病。	正式名稱是「感冒症候群」。有 80% 均為病毒引起。

然而，當免疫系統無法對抗病原體時，就會出現某些症狀，這個情況就稱為「發病」，也就是生病了。

事實上，在我們平常沒有注意到的時候，早已經罹患過各式各樣的傳染病。這些大多數都是輕微的疾病，自然會痊癒，不過有時也會出現嚴重的自覺症狀，甚至威脅生命。

另一方面，罹患傳染病也讓我們有機會得到對付傳染病的「抵抗力（免疫力）」，因此也是必要的經驗。

對付傳染病、培養抵抗力的「疫苗」

「疫苗」的作用是事先讓免疫系統記住病原體的資訊。成分是部分毒性減弱或消除的傳染病細菌和病毒。事先注射疫苗的話，如果感染到該病原體，免疫功能就能夠發揮作用，預防發病或減輕症狀。流行性感冒的預防接種就是疫苗使用的其中一例。

特別專欄

「流行性感冒」是病毒？細菌？

一般常說得了「流感」，指的是「流行性感冒病毒」引起的傳染病。但世上還有另外一種完全不同的「流感嗜血桿菌」存在。

1890 年代流行性感冒爆發時，一位患者身上檢驗出流感嗜血桿菌。當時人們還不知道病毒的存在，因此誤以為：「這個細菌就是引起流感症狀的病原菌。」即使後來知道真正的病原體是病毒，仍稱之為流感嗜血桿菌。

幾十億年前已經存在地球上的細菌是……？

替地球帶來大氣的——「藍綠菌」

藍綠菌是隨處可見的微生物，在水池、水窪等地方都能看到。科學家認為它早在數十億年前就生活於地球上，透過光合作用陸續釋放出少量氧氣，形成現在的大氣層。藍綠菌在遠古時代行光合作用後，形成澳洲西部的「疊層石」，留在海邊與湖畔淺灘處。而群生型的藍綠菌目前依舊在海裡生產氧氣。

假如地球上沒有藍綠菌的話，我們或許就不會誕生在地球上了！

▲即使是在嚴峻的冰河環境，藍綠菌也能夠生存。

「古菌域微生物」隱藏著地外生物的提示？

「不可能生存在這種地方！」在每個人類都這麼認為的地方，其實也有微生物存在。「古菌」就是其中一種。它們生活在陽光照不到、黑暗冰冷的深海底下，或是從地底噴出高溫海水的「熱泉噴水口」。這類微生物或許因為握有破解地外生物之謎的答案而受到矚目。科學家認為木星的衛星「歐羅巴」（木衛二）以及昔日的火星上，也存在或曾經存在熱泉噴水口。今後的研究將精彩可期。

◀經岩漿加溫的高溫海水從「熱泉噴水口」噴出，有些古細菌生活在這種地方。

CG／堀井敏之

增殖藥水

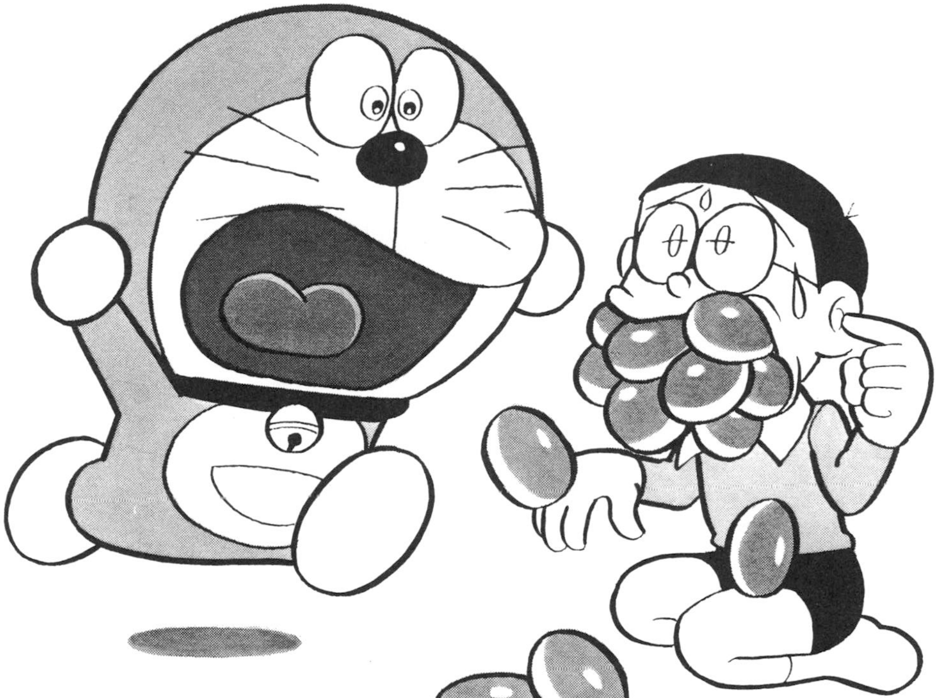

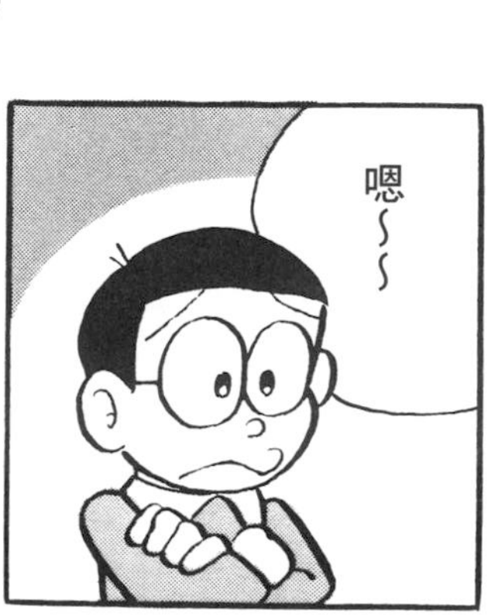
嗯~~

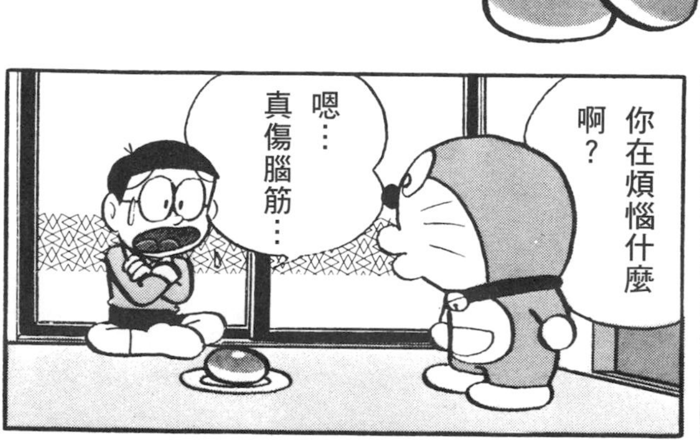
你在煩惱什麼啊？
嗯…真傷腦筋…

這個栗子饅頭很好吃，不過吃了就沒了。
不吃就會一直存在，可是就品嚐不到它的美味。
有沒有怎麼吃都吃不完的方法？
這樣的話……
有好東西嗎？
這種「增殖藥水」可以讓任何東西增生！
那就滴吧！
還是算了！
太危險了。
為什麼？
饅頭增加有什麼好危險的？
不會有問題的啦，幫我變多一點。
那你答應我一件事，
增加之後的饅頭要一顆不剩全部吃掉！
沒問題。

小小世界顯微鏡Q&A

Q 植物細胞裡有但動物細胞裡沒有的東西是下列何者？ ①粒線體 ②細胞核 ③葉綠體

A ③葉綠體。植物細胞具備行光合作用不可或缺的葉綠體。

※滴下
ポト
……。
沒有增加啊。
每五分鐘增加一倍。
第一個五分鐘，是由一個變兩個……
我懂了！接下來第二個五分鐘是兩個變四個。
沒錯。
四個變八個，八個變…
嗯…會越變越多。
啊，快要五分鐘了。
※分裂
プク
※增生
ムクムクムクムク
※完成
パカ

Q 只要細胞不死，都可以無限次數增生。這是真的嗎？

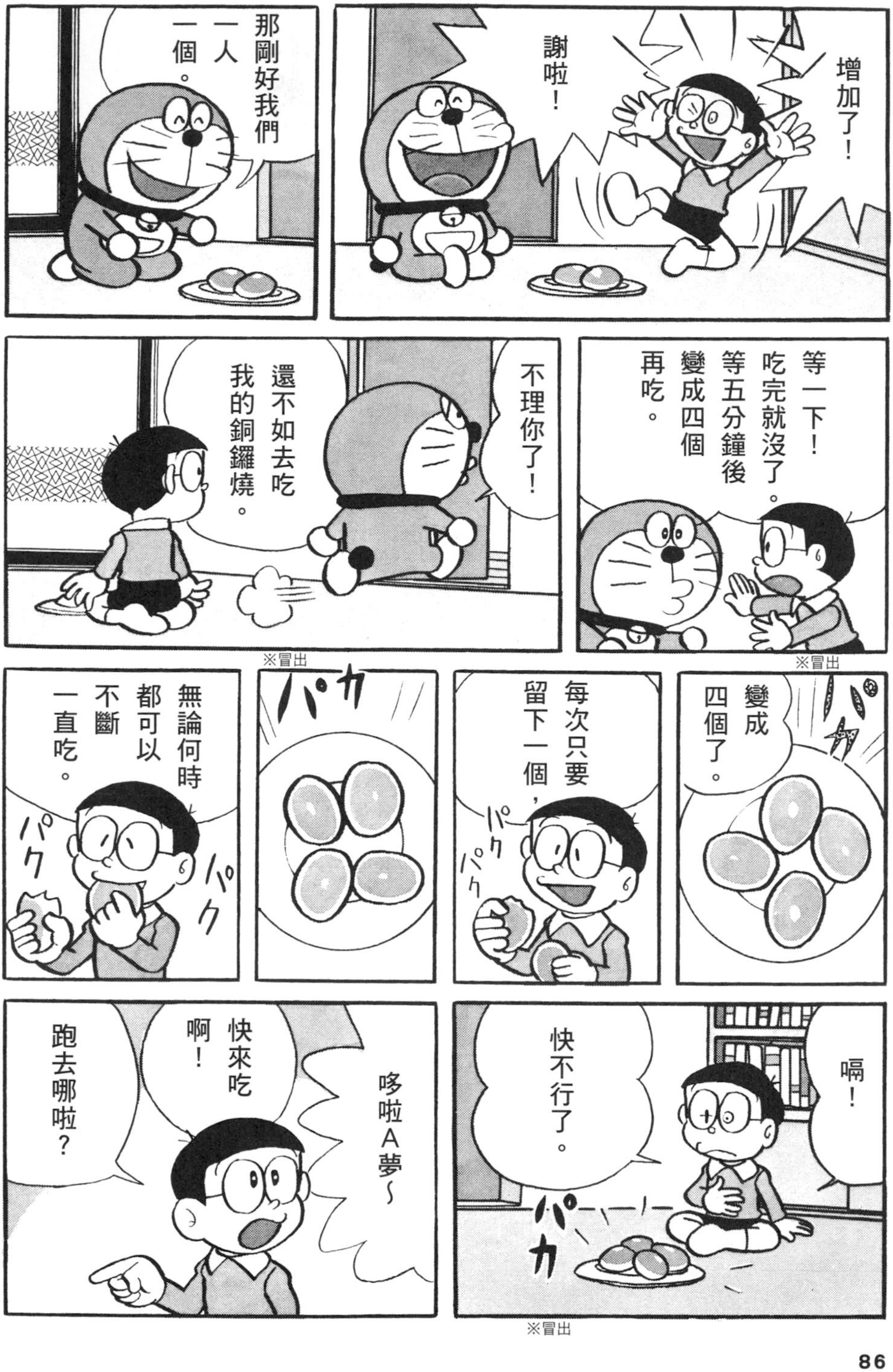
增加了！
謝啦！
那剛好我們一人一個。
等一下！吃完就沒了。等五分鐘後變成四個再吃。
※冒出
不理你了！
還不如去吃我的銅鑼燒。
※冒出
變成四個了。
每次只要留下一個，
パクパク
パカ
無論何時都可以不斷一直吃。
パクパク
嗝！
快不行了。
パカ
※冒出
快來吃啊！
跑去哪啦？
哆啦A夢～

媽媽。
咦？給媽媽吃？
真難得。
盡量吃啊。
不要留下，要吃完！
我吃不下了。
不吃的話又會增加，
勉強吞進去吧。
ゲープ
還是吃不下去。
※冒出
哇！又增加了。
拜託大家快來幫忙吃啊！
很緊急喔！
那麼多要給我們吃啊？
真不好意思。
我超愛吃的，那就不客氣囉。
聊天的時候也會變多，拜託你們快吃吧！
パカ
※冒出

A 假的。擁有細胞核的細胞，染色體末端有個稱為端粒的部位，每次進行細胞分裂就會變短，一旦用完，就無法再增生了。

還剩一個快點吃掉啊。
呼！我不行了！
好像整個身體都甜甜的。
囉唆！
再吃一個吧。
我說過我不要！
※冒出
パカ
※冒出
哇…
怎麼辦？
パカ
有沒有吃完？
唔…嗯…
那就好，要是沒吃完就糟糕了。
沒吃完會怎樣？

小小世界顯微鏡Q&A

Q 人類細胞中最大的是卵子。這是真的嗎？

A 真的。打造人類身體的體細胞直徑約五至三十微米（一微米等於一公釐的千分之一），但有些卵子大約有兩百微米。

一個饅頭五分鐘變成兩個，你覺得一個小時會變幾個？
嗯……大概一百個吧？
才沒有那麼少！是會變成四千零九十六個！兩小時後變成一千六百七十七萬七千兩百一十六個、再過十五分鐘就會超過一億個。
總有一天地球就會被饅頭淹沒了。
怎、怎麼辦？
ゴウ
只好把它們送到宇宙遙遠的另一端。
看你幹得好事！

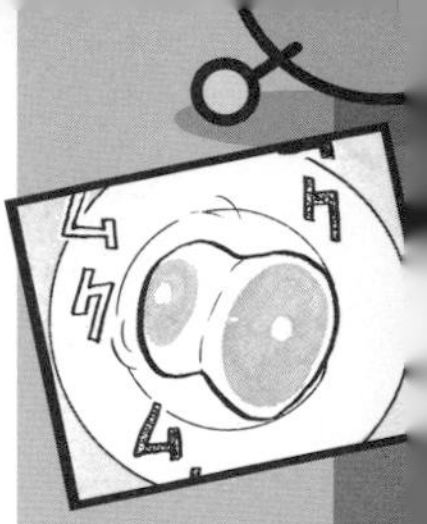

細胞是生命體的最小單位？

插圖／佐藤諭

生物與非生物基本上哪裡不同？

你現在是否能夠分辨肉眼看到的東西是生物或非生物？你當然是生物，而你正在閱讀的這本書就是非生物。寵物和植物是生物，桌子和家具是非生物，這些你當然都知道。那麼，如果問你「生物與非生物的不同之處」時，你能否說明呢？答案就是，本體是否由活細胞構成；是的話就是生物，不是的話就是非生物。以下列的表格為例，當需要舉出所有生物均符合的主要特徵時，就會發現每個項目都與細胞有關。細胞太小，小到我們平常不會注意，但是構成我們形體的細胞正是生命的本質。

生物共通的主要特徵

1 與外在環境有隔絕

人類有皮膚細胞，而單細胞生物則有細胞膜，藉此與外界劃清界線。

2 由細胞構成

所有生物均有細胞，能夠行細胞分裂保護身體或增生。

3 從體外攝取能量

細胞利用吃東西或行光合作用等，從外在環境取得營養並轉換成能量。

4 對外在環境的刺激有反應

對於外來的光線和溫度有反應。單細胞生物也是如此。

5 演化

生物細胞裡的 DNA，有時會突變演化。

6 一定會死亡

細胞能夠分裂的次數有限，最後必定會衰亡。

插圖／佐藤諭

所有生物身體組成的基本單位都是細胞

十七世紀時，科學家發現生物的身體是由細胞組成。持續研究到十八世紀之後，細胞被認定為是「生物的基本構成單位」。比方說，草履蟲和阿米巴原蟲這類只有單一細胞的生物（單細胞生物），就是由單一一個最小單位所構成的生命體。我們人類屬於多細胞生物，擁有大約六十兆個細胞，是一個由六十兆個單位組成的巨大生命體。

多細胞生物的每顆細胞都必須盡到自己的義務，才能夠維持整體正常作用，確保生命活躍。這個系統猶如螞蟻或蜜蜂的社群，人類也可說是一個由六十兆個生命所創造出的共同體。

插圖／加藤貴夫

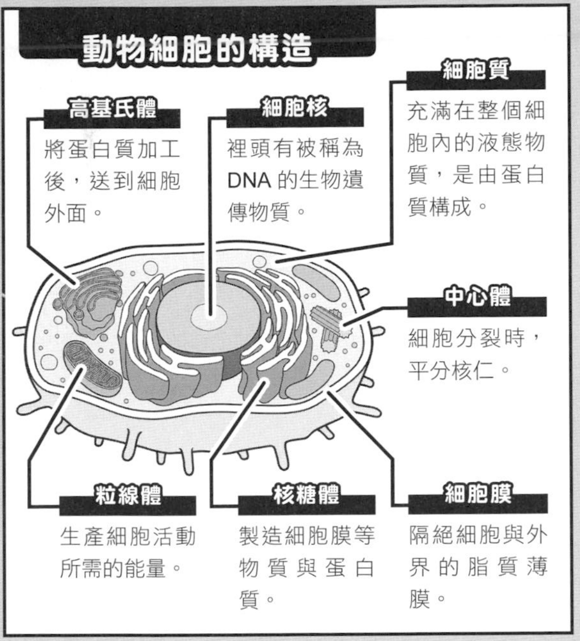
動物細胞的構造
高基氏體
將蛋白質加工後，送到細胞外面。
細胞核
裡頭有被稱為DNA的生物遺傳物質。
細胞質
充滿在整個細胞內的液態物質，是由蛋白質構成。
中心體
細胞分裂時，平分核仁。
粒線體
生產細胞活動所需的能量。
核糖體
製造細胞膜等物質與蛋白質。
細胞膜
隔絕細胞與外界的脂質薄膜。

特別專欄

細菌是生物，病毒卻不是生物？

一般以為細菌和病毒很類似，事實上細菌是生物，病毒卻屬於非生物。差別在於是否擁有細胞。細菌利用自己的細胞分裂、增生，但沒有細胞的病毒則是靠著入侵其他生物的細胞，將對方的DNA換成自己的，藉此增生。也就是說，病毒並不符合生物的定義，但也沒辦法將之視為礦物那類完全的非生物，因此也有研究學者把病毒定位在生物與非生物之間。

流行性感冒病毒

插圖／加藤貴夫

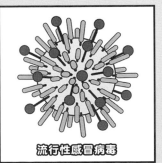

細胞能夠製造能量並增生

多細胞生物由多種細胞分攤工作

插圖／加藤貴夫

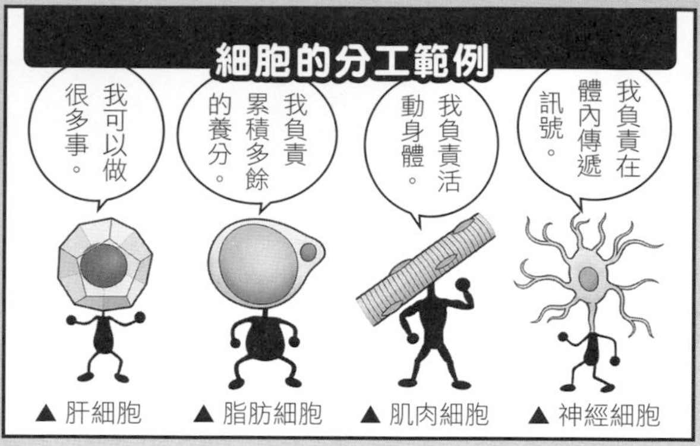
細胞的分工範例
我負責在體內傳遞訊號。
我負責活動身體。
我負責累積多餘的養分。
我可以做很多事。
▲神經細胞
▲肌肉細胞
▲脂肪細胞
▲肝細胞

越是高等的多細胞生物，身體構造就越複雜，因此細胞也必須因應各式各樣的需求。

以人類來說，除了上表中介紹的四種細胞之外，另外還有負責製造骨頭的造骨細胞、在皮膚表面隔絕身體與外界的上皮細胞、將氧氣送入體內並排出二氧化碳的紅血球等，總共大約有兩百種功能迥異的細胞。

粒線體製造的能量貨幣「ATP」是什麼？

細胞的工作之中尤其重要的就是製造能量，沒有能量，生物便無法生存。以動物來說，這個能量的來源就是透過吃東西所得到的糖和脂肪。但是身體無法直接利用這些成分，必須轉換成稱為ATP（三磷酸腺苷）的物質。ATP是生物可用於所有活動上的能量，因此這種萬能物質也稱為「生物的能量貨幣」。而主要負責製造ATP的就是細胞裡的粒線體。

科學家認為粒線體在地球生命誕生之初，原本是獨立的生命體，後來從某個時候起，才開始與其他細胞共生。倘若沒有共生，就不會有現在活躍的各種動植物。

粒線體

插圖／加藤貴夫

插圖／加藤貴夫

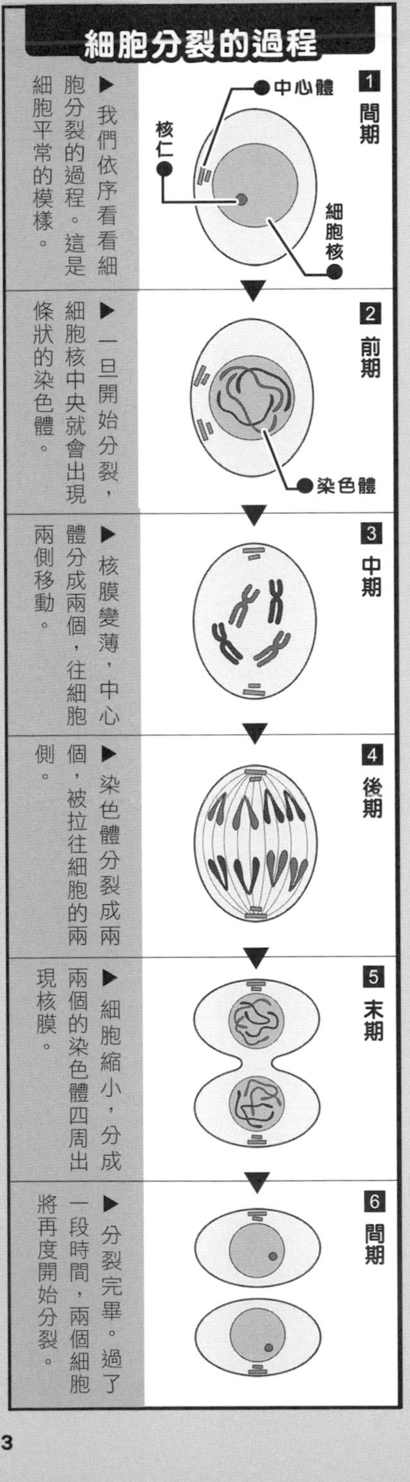
細胞分裂的過程
1 間期
中心體
核仁
細胞核
▶我們依序看看細胞分裂的過程。這是細胞平常的模樣。
2 前期
染色體
▶一旦開始分裂，細胞核中央就會出現條狀的染色體。
3 中期
▶核膜變薄，中心體分成兩個，往細胞兩側移動。
4 後期
▶染色體分裂成兩個，被拉往細胞的兩側。
5 末期
▶細胞縮小，分成兩個的染色體四周出現核膜。
6 間期
▶分裂完畢。過了一段時間，兩個細胞將再度開始分裂。

細胞會增生，最後分化！

從地球上最早的生命誕生至今，所有生物均遵循著一個本能生存，就是增加自己的分身。人類等已演化的多細胞生物是由兩個遺傳資訊（可參考第一〇六頁）交配後留下子孫。單細胞生物則是直到現在仍利用細胞分裂增加分身。分裂、增加，這就是細胞最重要的任務。因此人類的細胞也會分裂，但分裂的目的不是只為了製造分身，而是為了增加細胞，使身體成長到足以留下子孫的程度。問題是，像人類這樣的高等生物，光靠分裂的話，是無法製造出足以維持複雜身體的多樣細胞。因此細胞在進行某些程度的分裂之後，會轉變成其他細胞，這個過程就稱為「細胞分化」。

插圖／加藤貴夫

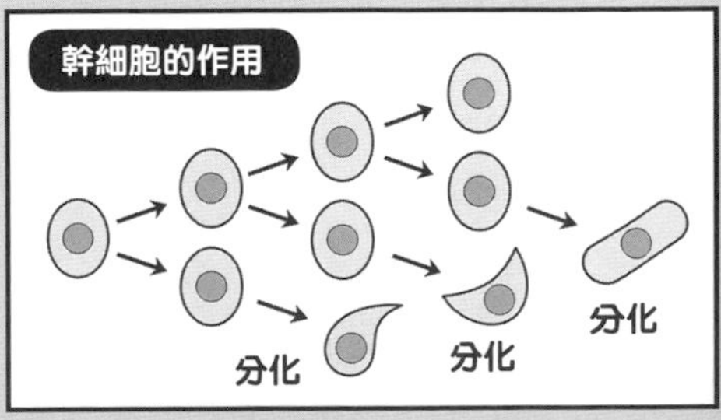
幹細胞的作用
分化
分化
分化

▲細胞雖會失去分化與分裂的能力，但有些特殊細胞會反覆分裂與分化，幹細胞就是這樣的細胞。

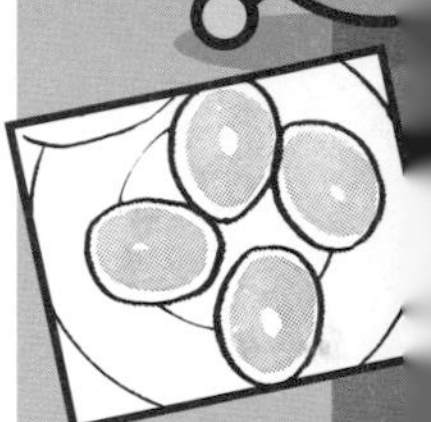

淘汰的細胞會自行選擇死亡？

細胞利用自噬防止細胞內出現異常

細胞也具備能應付內部異常的能力。比如說，蛋白質異常增加。製造蛋白質是細胞的重要工作之一，但有時也會累積超過必須的分量。於是細胞會覺得有壓力，最糟的情況下甚至會死亡。能夠防止這種情況發生的就是「溶體」（可參考第九十一頁的「動物細胞的構造」。漂浮在細胞內的圓形物質就是溶體）。這種物質有能力吃掉、分解過剩的蛋白質，這個作用稱為「自噬」。相反的，細胞內部的氨基酸不足，處於飢餓狀態時，細胞也能夠分解內部的蛋白質，製造氨基酸。

插圖／加藤貴夫

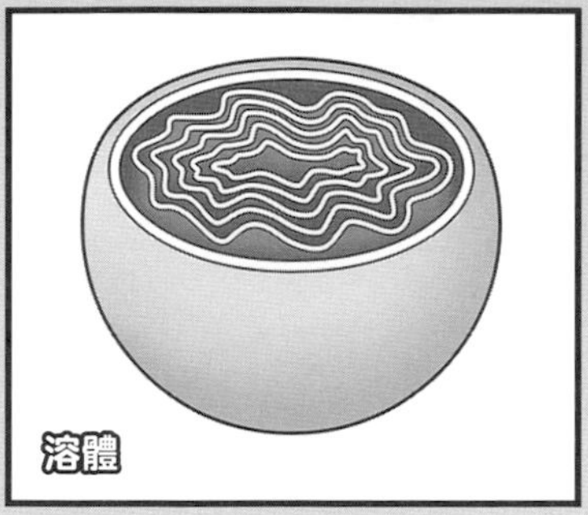
溶體

細胞自殺的行為「細胞凋亡」與突然死亡的「細胞壞死」有何不同？

活著的生物一定會死，細胞也一樣。有時是老了自然死亡，有時是突如其來的意外造成死亡，也有自己選擇死亡的情況（稱為「程序性死亡」）。每一種都是「死」，但事實上細胞死亡的方式會帶給生物本身重大的影響。

插圖／佐藤諭

細胞凋亡時的狀況
我差不多快死了，請儘管把需要的東西拿去用吧！
感謝你的貼心。

▲細胞按照程序死亡時，新細胞會接收還能夠使用的零件。

首先是「自然死亡」。腦的神經細胞、心肌細胞等細胞，因為無法取代，所以相當長壽。當這些細胞自然死亡時，表示生物本身的壽命也即將結束。

接著是稱為「細胞凋亡」的程序性死亡。新細胞替換老舊細胞，讓生物維持在更好的狀態，這對於生物來說是理所當然的情況；對於細胞來說，這也是理所當然的死法，所謂的「新陳代謝」指的就是這個現象。細胞凋亡時，細胞內部的各個零件會分裂成非常細小，以順利排出體外。

插圖／佐藤諭

細胞壞死時的狀況
我被飛濺的碎片刺到了～！

▲ 細胞壞死。從破裂細胞膜噴出的零件，不小心傷害了四周的細胞。

最後是因為突發意外而死亡（或病死）的「細胞壞死」。最簡單易懂的例子就是挨打受傷。挨打之後，受到衝擊的細胞遭到擠壓，內部零件四散，傷害到四周的細胞，因此實際上的受損範圍比受到衝擊的區域更大。當有「細胞壞死」的狀況時，細胞死得突然，因此必須花上一段時間才能夠復原，有時甚至無法痊癒。

特別專欄

有個生物身上擁有人類期待的「不老不死」細胞？

細胞終究會作古，改由新細胞頂替。但是，有一種不可思議的生物卻推翻了這種常識，牠的名字是「燈塔水母」。多數水母產卵後就會死亡，並且被分解溶化，但燈塔水母卻不同。牠會先變成球狀沉入海底，最後變成小芽狀。這個芽會成為水母的幼體，只要經過大約半年左右就會再度成為成體。今後若持續燈塔水母的研究，或許有機會能找到不老細胞或返老還童藥等人類夢寐以求的技術。

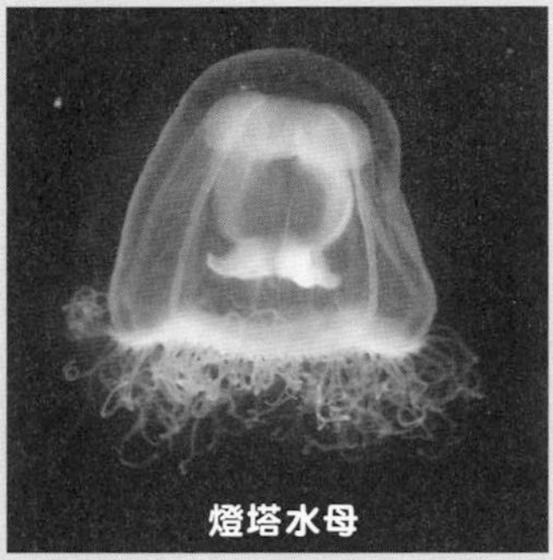

燈塔水母

照片提供／京都大學久保田信博士

新娘

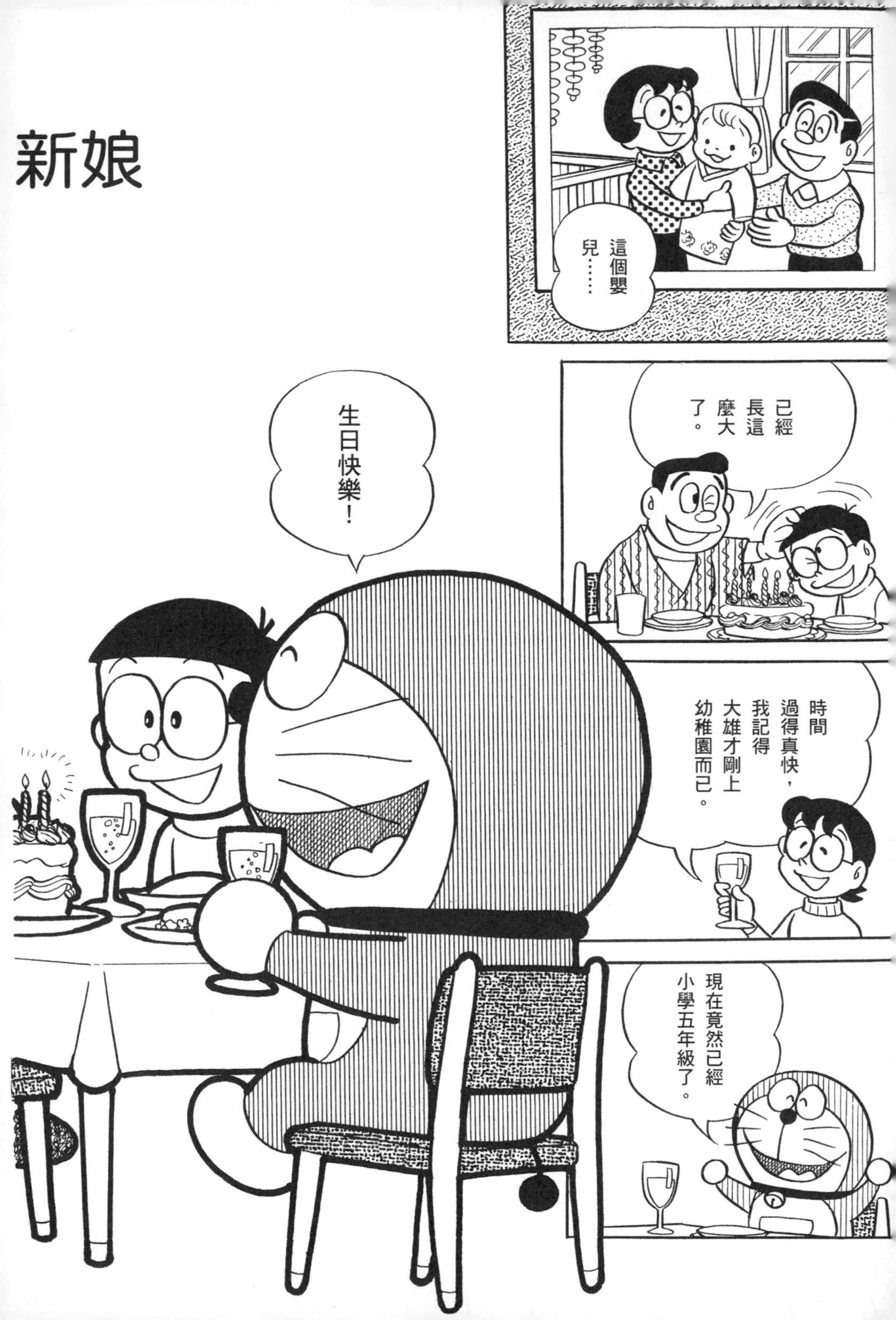

這個嬰兒……
已經長這麼大了。
時間過得真快，我記得大雄才剛上幼稚園而已。
現在竟然已經小學五年級了。
生日快樂！

大雄的

再過兩年，就要唸國中了……
然後，馬上就唸高中……大學……
如果他考得上的話。
你住口！
大學畢業的話，他就是獨立的大人了。
接下來，就要娶新娘了。
那也要有人願意嫁他。
你真的很囉嗦耶！

哎呀~大雄害羞了。
你這傢伙，不要跑！
可是……
我還是很擔心耶！
什麼事？
如果只有我娶不到新娘的話，那該怎麼辦？
大雄，你是真的擔心這件事嗎？
如果你這麼在意的話，要不要去看看呢？
去看看…看什麼？
咦？搭「時光機」去看我的老婆!?
那……那怎麼可以，我…我會害羞的。
那就算了吧！
我好想看喔！
你到底想要怎樣？

小小世界顯微鏡Q&A

Q 根據近年來的統計資料顯示，日本年輕人的腿變長了，這是演化的徵兆。這是真的嗎？

A 假的。包括日本在內的東方人體型開始出現改變，有很大的原因是與西方文化融合的緣故，因飲食和生活習慣的改變所造成。

到二十五年後吧！
到那個時候，再怎麼說你也應該有找到對象了吧！
我們到了。
從廁所裡面出來啊！
不會吧？
怎麼都是廁所。
原來我家已經變成公共廁所了。
街上的風景變得完全不一樣。

啊啊！原本建在那裡的野比先生家啊？
已經搬到那棟公寓去了。
在十年前。
這一帶已經變成公園了。
在十二樓六十八號室。
是這裡。
68
等……等一下啦！

小小世界顯微鏡Q&A

Q 人類DNA的基因數量與其他動物相比沒有特別多。這是真的嗎？

A 真的。人類基因數量大約兩萬兩千個。調查了實驗鼠、鳥類、河豚等之後，發現牠們的基因數量約在兩萬至兩萬五千個。

我覺得還是不要見面好。
說的也是。
只要偷偷的看一眼就好了。
好吧。
借你「透視眼鏡」吧！
※小鹿亂撞
ドキドキドキ
用、用這個…就可以看到裡面了吧？
雖然有看到，可是她背對著我。
※鏘鏘！
轉頭
好可怕!!
我不要那種的，太可怕了。
你跟我說也沒用啊！
真的很慢耶！
那位太太究竟去哪裡找人了？

抓住
我抓到你了。
真是個壞孩子。
？
妳該不會是……
二十五年後的源靜香小姐！
你幹什麼跟媽媽說一些我已經知道的事情。
回家吧！小夫太郎的媽媽在生氣呢！
你要好好跟人家道歉！
這是怎麼一回事啊？
我也不知道，總之你先跟她去吧！
每次都弄哭我們家的小夫太郎。
我家的野比大助真是太調皮了。
妳要好好的教訓他！
不會吧……

小小世界顯微鏡Q&A

Q 不同種的動物，即使外型相似，也無法交配生出孩子。這是真的嗎？

那個叫做野比大助的跟我長得一模一樣…換句話說，就是我的兒子！
他的媽媽是靜香，換句話說……
萬──
歲!!
太幸福了！
這樣啊，原來是妳啊！
你怎麼可以用手指媽媽呢？
※啪啪
爸爸明明是溫文儒雅又穩重的人，你卻這麼調皮搗蛋？
ペチ
ペチ
哇啊！妳要做什麼？
快住手！妳弄錯人了啦！
我回來了。
啊！
知道了吧？他才是大助！
？

A 假的。不同種但基因相似的動物，能夠交配生出孩子，但不能保證其子女能夠繼續繁殖。

這…這是……
你究竟是誰？你在這裡做什麼!?
大助！你不可以那麼粗暴，要好好唸書才行！
ボカ
※揍
你竟敢揍爸爸……
媽媽，這傢伙一定是外星人，假裝成我想要奪走我們家！
哆啦A夢，快逃啊！
趕快到「時光機」那裡！
哇啊～誰在裡面啊？
咳咳！
快一點啊！
原來你在這裡。
ドドーン
※咚咚

快住手啊！
我上好了。
真是粗暴的小孩……
有活力不是很好嗎？
你到哪去了？
靜香特地來幫你慶生耶！
!
大雄，祝你生日快樂。
怎麼突然變得那麼害羞啊？
真是奇怪的孩子！

生命的設計圖「基因」到底是什麼？

人類生出來的孩子還是人類，全是基因的功勞

人類生出來的孩子一定是人類。狗生狗，貓生貓，這些看來天經地義，但你不覺得好奇嗎？

這是因為所有生物都有基因。所謂的基因，就是生命的設計圖，就是被刻在細胞核的DNA上、記錄著完整的生物特徵資訊。這些遺傳資訊可由父母傳給子女，因此孩子一出生，不僅與父母親屬於同一種生物，在長相、個性、身高、頭髮等特徵上，也多半繼承了許多遺傳特徵。順便補充一點，也會有孫子輩的孩子跳過父母親那一輩，直接遺傳到祖父母特徵的例子，這個稱為「隔代遺傳」。

插圖／佐藤諭

◀小孩繼承父母親的基因，因此多半擁有雙方的特徵。

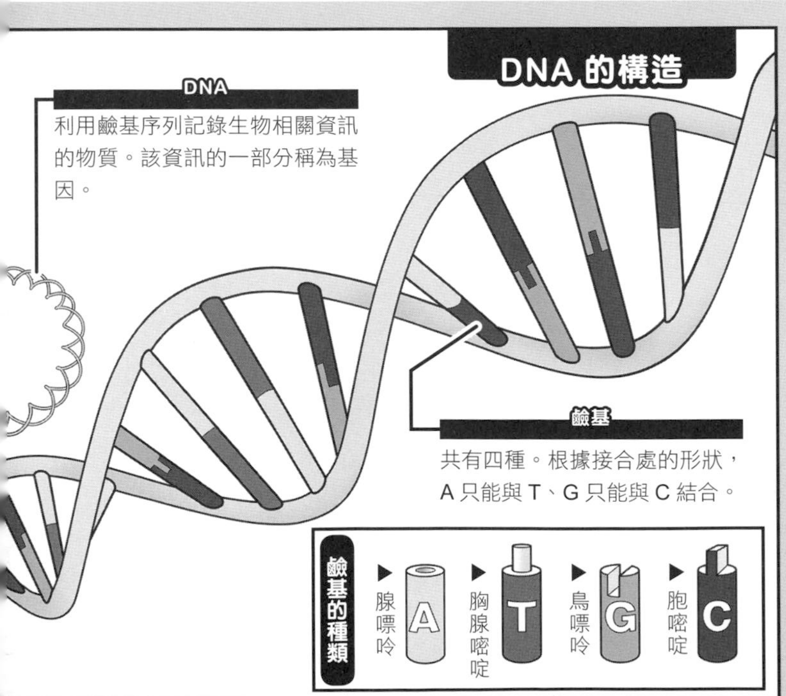
DNA 的構造
DNA
利用鹼基序列記錄生物相關資訊的物質。該資訊的一部分稱為基因。
鹼基
共有四種。根據接合處的形狀，A只能與T、G只能與C結合。
鹼基的種類
▶腺嘌呤 A
▶胸腺嘧啶 T
▶鳥嘌呤 G
▶胞嘧啶 C

插圖／加藤貴夫

插圖／佐藤諭

DNA與基因的關係就類似CD與錄下來的音樂

DNA與基因經常被當成同樣意思使用，這是因為很多人不清楚兩者有何不同。在此簡單說明一下。首先是DNA，DNA的正式名稱是去氧核糖核酸，它是以鹼基連結糖和磷酸，形成雙重螺旋外型的「物質」。順便補充一點，鹼基這種「化學物質」能夠利用四種鹼基的排列組合方式記錄資訊，基因則是被記錄在DNA裡的生物「資訊」。舉例來說，DNA就像是音樂的CD，而基因就是被錄製在CD上的音樂。這樣想就不難理解了。

另外，請各位記住，記錄在DNA上的所有資訊中，基因僅占極少一部分，大部分的記錄是什麼內容，目前仍然不清楚。還有一點，記錄在DNA上的所有資訊，包括尚未釐清的部分，都稱為「基因體」。

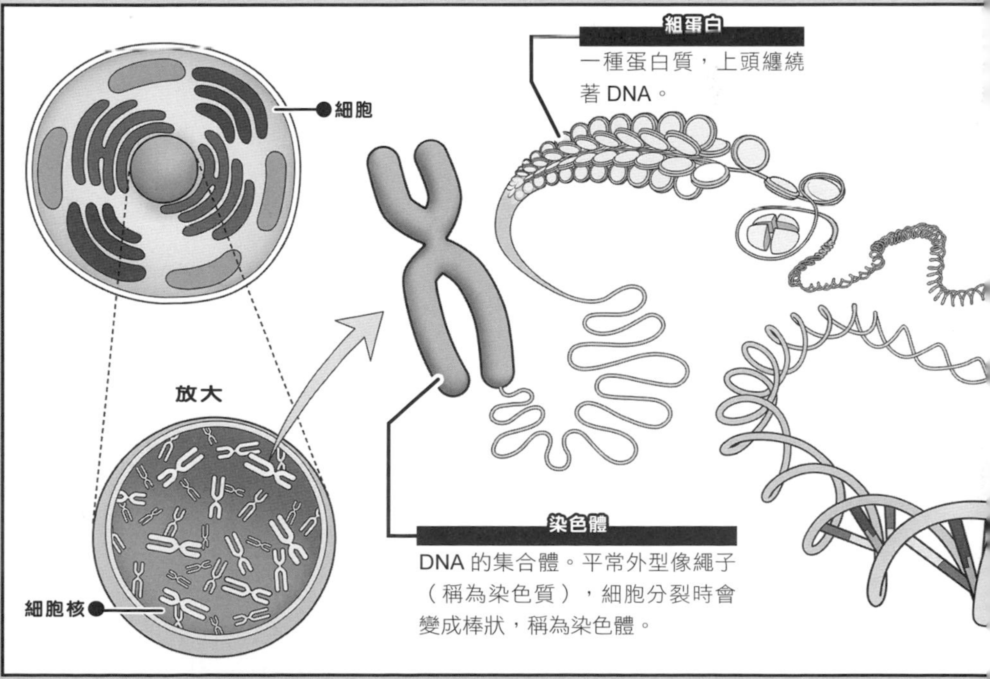
組蛋白
一種蛋白質，上頭纏繞著 DNA。
細胞
放大
細胞核
染色體
DNA 的集合體。平常外型像繩子（稱為染色質），細胞分裂時會變成棒狀，稱為染色體。

遺傳資訊突變導致生物演化

你幹什麼跟媽媽說一些我已經知道的事情。

遺傳資訊一改變，生物就會與原始模樣不同

科學家認為自生命誕生以來，生物不斷的演化，唯有能夠適應環境的生物才得以存活下來。現今的生態系當然不是最終的模樣，生物今後也將會持續改變，而促成生物演化的就是遺傳資訊的突變。DNA的鹼基序列接觸到紫外線、放射線或是化學物質等就會發生突變。遺傳資訊相關的鹼基序列改變的話，生物很可能跟著改變。

這種變異如果發生在影響子孫的生殖細胞上，或是群體認同這樣的變化更能夠適應環境時，生物或許就會進行演化。

插圖／佐藤諭

插圖／加藤貴夫

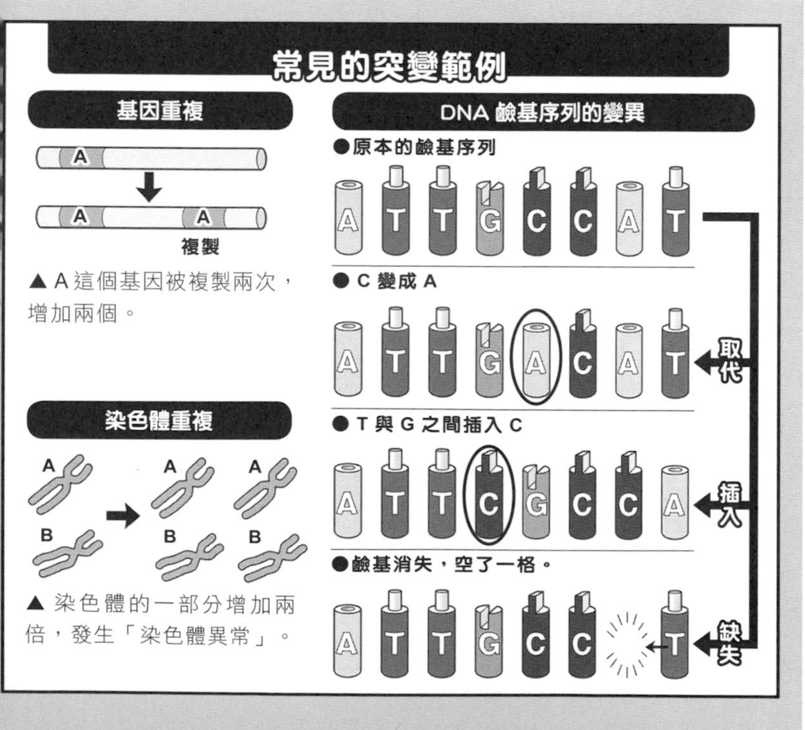
常見的突變範例
基因重複
A
A A
複製
染色體重複
A A A
B B B
DNA 鹼基序列的變異
●原本的鹼基序列
A T T G C C A T
● C 變成 A
A T T G A C A T
取代
● T 與 G 之間插入 C
A T T C G C C A
插入
●鹼基消失，空了一格。
A T T G C C T
缺失

▲ A這個基因被複製兩次，增加兩個。

▲ 染色體的一部分增加兩倍，發生「染色體異常」。

插圖／佐藤諭

◀利用巨型作物解決糧食危機，或是實現不老不死，基因研究潛藏著這些潛力。

基因的解讀將帶來什麼樣的影響？

深入了解基因能帶來什麼好處呢？基因是生物的設計圖，只要解開所有祕密，就能夠知道在遺傳資訊的某處存在該生物的特徵。而只要改變鹼基序列的組合，改變設計圖的話，也有可能加強優點，消除缺點。事實上二十世紀後期已經出現基因重組的農作物，能夠更耐蟲害、種出更好吃、更大型的蔬菜。

進入二十一世紀後，分析人類DNA中所有的鹼基序列資訊（人類基因體）成為話題。這代表能夠從人類基因上修補優缺點、進行修正的時代即將到來。比方說，只要從基因上找出人類為什麼罹患癌症、為什麼衰老等原因，或許就能夠找到不會罹患癌症、不會衰老的方法。

另外，這些資訊中也很可能留下人類演化成為人類之前，太古時代的情報，或許就能夠解開生物演化之謎。諸如此類的夢想不斷湧現的同時，科學家也必須解釋並了解分析出來的資料。這項工作才剛開始，距離夢想實現，似乎還需要一點時間。

特別專欄

費時超過十年的人類基因體計畫

人類基因體計畫（Human Genome Project，簡稱 HGP）成立於 1990 年，由美國領軍，各國研究團隊均有參與，預算約是 30 億美元（約新台幣 1015 億元）。能夠取得如此鉅額的預算也是如同前面內容提到，眾人期望能在科學、醫療領域有大幅進展。當初以為分析需要費時 15 年，不過隨著電腦進步，解碼的工作已經在 2003 年完成。而現在也仍在持續研究及分析如何有效利用這些資訊。

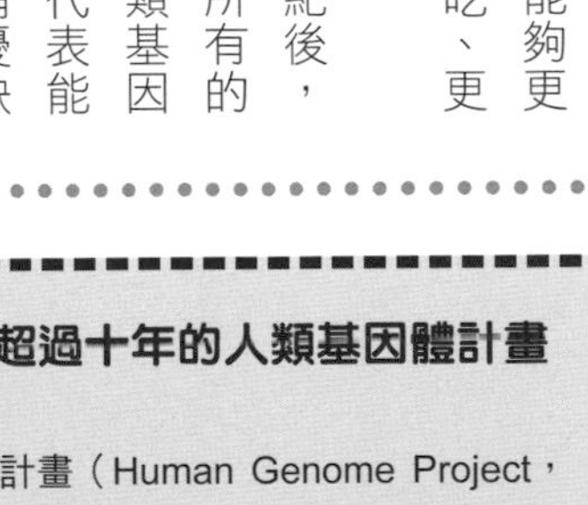

插圖／佐藤諭

回復光線

我有事要拜託你。
不行。
什麼嘛，你不問我有什麼事嗎？
反正一定不是好事。
一定是叫我拿出可以邊看漫畫邊唸書的機器啦、還是只要張口就能自動餵點心的機器啦、
不然就是可以邊睡邊去廁所之類的……
我是來找你討論作業的耶。
對不起！我沒想到是這種正經事。
算了。
我道歉嘛。跟我說啦。
請讓我幫忙。
調查原料？
我們身邊不是有各種物品嗎？
所以老師要我們做調查，
看看這些物品的原料是什麼。

小小世界顯微鏡Q&A

Q

水與冰是由同樣物質構成。這是真的嗎？

拿出調查的道具就好了吧！
有嗎？
「回復光線」。
只要被這個燈照到，
就會回復原本的樣子嗎？
例如……
這個筆記本是用什麼做的？
是紙吧！
那紙的原料是什麼？
……不知道……
那就來調查看看。
※啪
※喀隆
哇！

A 真的。水與冰同樣都是小粒子構成，只是驅動的能量不同使得外型不同。

懂了嗎？
紙是將木材打碎後做成紙漿，再將紙漿晒好後做成的。
一本筆記本就要用一棵樹？
不是這樣的，這個燈光只能回復成最原始的狀態啦。
我要用那本筆記本耶！總不能叫我抱著木材到學校去吧？
只要經過三十分鐘就能回復原狀了。
你說的喔。
難得拿出來了，你就不要抱怨，多調查一些吧。
嗯。
ｷｮﾛ
ｷｮﾛ
※左顧右盼
玻璃的原料是什麼？
變成像砂的東西了。
那是石灰和矽砂啦。
那榻榻米呢？
是用一種叫藺草的莖做成的。

這個好有趣喔！
再去照其他東西。
※光照
ピカ
碗和盤子呢？
是泥土塊，
用陶土燒製成的。
※光照
ピカ
金屬製品呢？
是鐵礦石製成的喔。
塑膠製品？
※融化
トロ～
哎呀？融化了!?
因為是石油嘛。

小小世界顯微鏡Q&A

Q 水到達攝氏一百度時，水的粒子就會瓦解、飛散、變成水蒸氣。這是真的嗎？

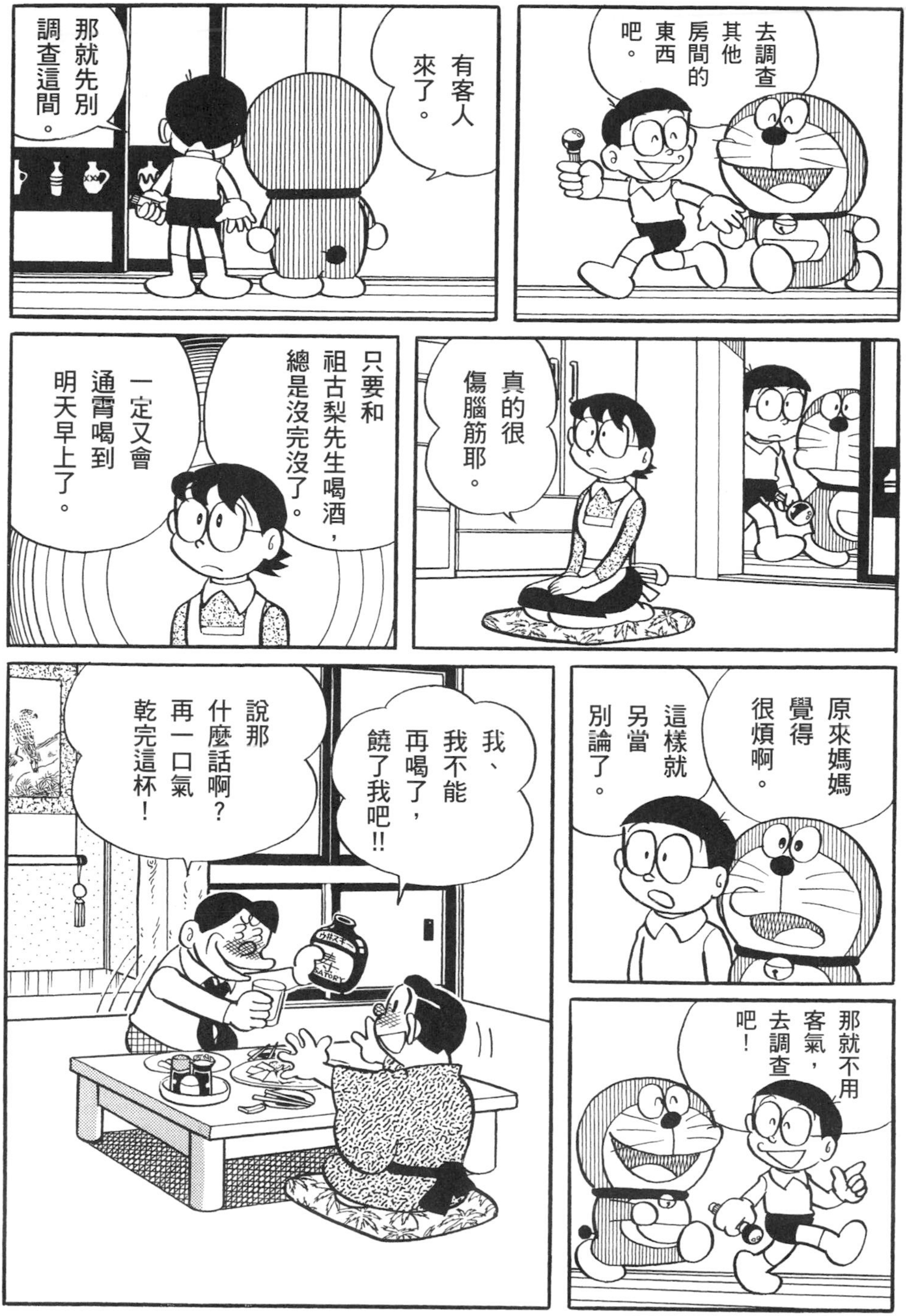
去調查其他房間的東西吧。
有客人來了。
那就先別調查這間。
真的很傷腦筋耶。
只要和祖古梨先生喝酒，總是沒完沒了。
一定又會通宵喝到明天早上了。
我、我不能再喝了，饒了我吧!!
說那什麼話啊？再一口氣乾完這杯！
原來媽媽覺得很煩啊。
這樣就另當別論了。
那就不用客氣，去調查吧！

A 假的。水與水蒸氣是由同樣的粒子組成，差別只在於驅動的能量而已。

我想調查威士忌的原料。
把光線調細，對準後照過去。
※光照
※倒酒
寿
SATORY
原來威士忌是麥子做成的啊。
……
我好像醉得很厲害。
說什麼傻話，根本還沒喝多少啊！
生魚片、起司、
香腸和美乃滋的原料。
要回去了嗎？
怎麼不多留一會呢？
裡面怎麼那麼吵啊。
三十分鐘後就安靜了，先別進去。

小小世界顯微鏡Q&A

Q 空氣其實也是由小粒子構成。這是真的嗎？

A 真的。眼睛雖然看不見空氣，不過空氣是由各式各樣非常小的粒子集結而成。

我也想讓靜香看一下。
好啊。
※光照
調查一下靜香身上的衣服的原料吧！
竟然馬上就想到這種事！
不能拿來惡作劇！
有什麼關係嘛？
誰啊？
小提琴的弓竟然是用鯨魚的鬚啊!?

「回復光線」。

世界上的一切全是由極小的「積木」構成？

「水和空氣（如二氧化碳）」與「白飯」是由同樣的積木組成的

物質不斷分割成小塊，直到繼續分割下去將會改變性質的階段，稱為分子。分子則是由更小的積木構成。如左圖所示，兩個「H」與一個「O」組成的就是水分子。水分子的材料「H」和「O」積木稱為原子，在第一三〇頁將詳細介紹。

插圖／佐藤諭

二氧化碳
水
O=C=O
來做飯糰吧！
氧氣
O=O
O=O
澱粉

同樣的積木，也會因為組合方式不同而形成不同的分子。分子是不易遭到破壞的團塊，加上光或電的能量，就能夠製造出不同的分子。舉例來說，植物使用光的能量，從水和二氧化碳製造出澱粉與氧氣。另外，電流順利通過水中的話，就能夠製造出氧氣和氫氣。

更換「分子」的積木組合，形成性質不同的分子

然而，也並非所有物質的最小團塊組合都是分子。金屬就是其中一個例子。

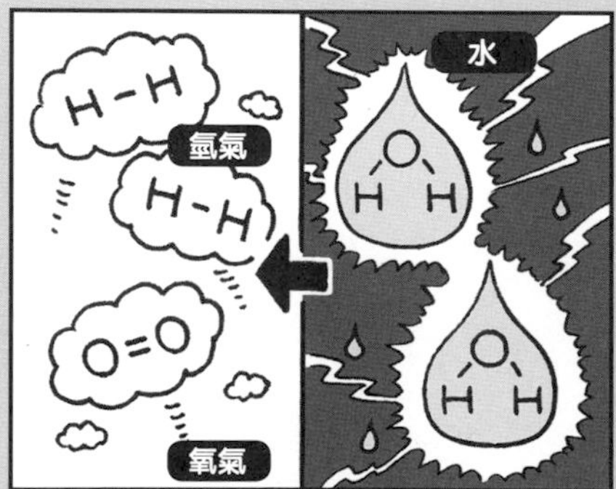
水
H-H
氫氣
H-H
O=O
氧氣

插圖／佐藤諭

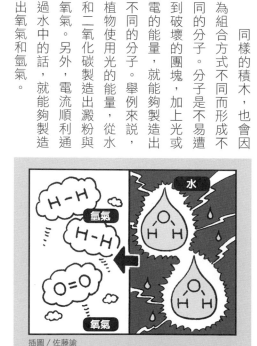

插圖／佐藤諭

單體
聚合物
分子
非分子的物質？
臭氧分子
氧分子
積木一樣
卻形成不同的分子
不同的分子
都是鐵
都是生鏽的鐵

鐵不斷分割成小塊的話，最後會變成一個「Fe」積木。這個「Fe」即使只有一個，也具備鐵的性質。這點與分子類似，但一個「Fe」不能稱為分子。

事實上要分辨哪些是分子、哪些不是，相當困難。也並非用兩個以上的積木組合就是分子。舉例來說，生鏽的鐵是由「Fe」和「O」這兩塊積木所組成的。我們在國中學過，這個不是分子。但是到了大學，更深入研究之後才發現這個也可能是分子。並非兩種說法有一方出錯，而是因為在不同階段學習物質的形成時，關注的焦點不同，分類的方式也會跟著改變。

總之，到此為止的重點已歸納成左上的表格。各位今後可配合自己的學習進度，畫出屬於自己的表格。

特別專欄

什麼是高分子聚合物？

前面已經提過，具有某物性質的最小團塊就是「分子」。但許多分子連結在一起，也可能改變性質。比方說，許多乙烯這種氣體集合在一起的話，就會變成塑膠等的原料「聚乙烯」。眾多同樣分子連結在一塊形成的物質稱為「高分子聚合物」，而且連結的方式也會改變性質。

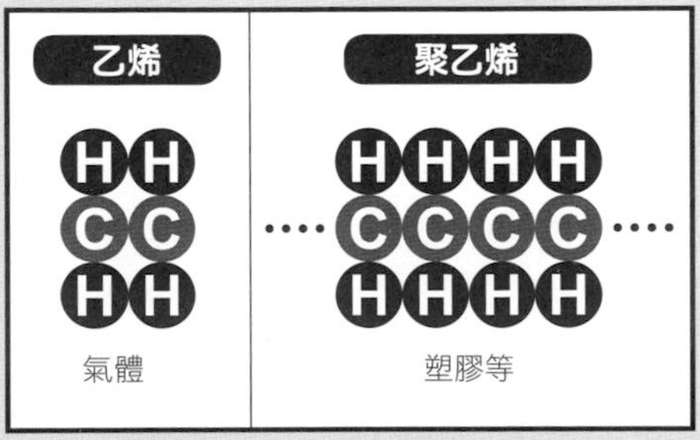

乙烯
聚乙烯
氣體
塑膠等

溶解物體！改變樣貌！透過水分子了解「水」的奧妙！

不同種類的分子擁有不同外型 水是帶電的V字形

分子因為積木的連接方式不同而有不同的外型。比方說，水就是V字形。這個形狀與分子的性質有關。舉例來說，水容易溶解物質。這是因為如左圖所示，即使水整體的電子是中性，因為它彎曲成V字形的關係，O的部分會帶微弱的負電，H的部分則會傾向微弱的正電。

插圖／加藤貴夫

直線形

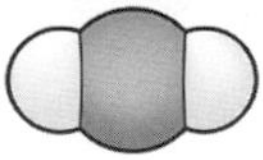

空氣裡的二氧化碳等是這個形狀。積木以直線方式排列。

六角形

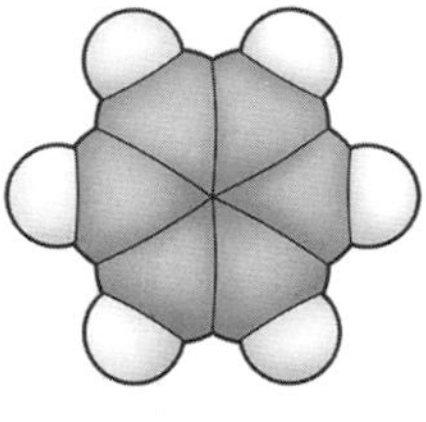

石油的成分苯、鉛筆筆芯的石墨等屬於這個形狀。

V字形

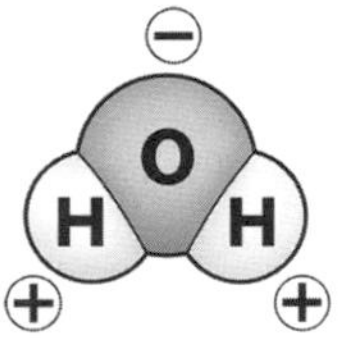

水是這個形狀。水分子整體是電中性，但因為呈現這個形狀，因此O是負電，兩端的H是正電。

具體而言，我們可以看看鹽溶於水的情況。鹽在水裡分解成帶正電的「Na」積木，以及帶負電的「Cl」積木。帶正電的Na四周受到水分子裡的O、帶負電的Cl受到H吸引靠近。因為電子的關係，鹽與水分子相互吸引而溶解。

其他還有砂糖中容易溶解於水的部分與水分子互相吸引而溶解的例子。如果沒有任何東西溶解於水中，水分子的O

插圖／加藤貴夫

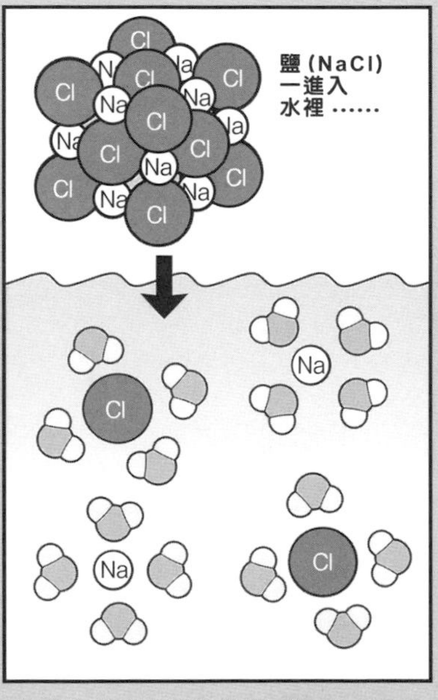

▲鹽在水中分解成Na和Cl，因此肉眼看不見。

與H就會互相吸引，因此幾乎是電中性。沒有能夠溶於水的部分，也不會有與水分子互相吸引的物質，例如：油，因為不易進入水分子之間，所以無法溶於水中。

水分子正以不同的速度活動　實際上沒有溫度？

水在不同溫度下會變成水蒸氣、水、冰等不同樣貌。但是無論外型如何，兩個H與一個O的水分子組合始終沒有改變。

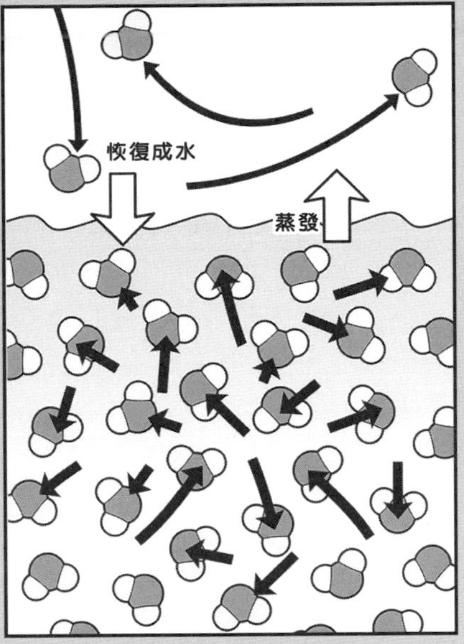

▲水中的分子經常活動，甚至不到一百度也會變成水蒸氣。

插圖／加藤貴夫

水、水蒸氣與冰的差異，完全是因為分子移動方向不同。水分子會移動，水蒸氣是分子劇烈移動下的產物，冰則是分子不太移動、整齊排列的狀態。這樣的差異使得水會變成水蒸氣也會變成冰。

水溫越高，分子的活動越激烈。假設水中的分子一一可見的話，其動態可以說是瞬息萬變。水溫是根據眾多水分子移動的方式平均之後而決定。即使不是攝氏一百度，水也有可能蒸發，因為靠近水面的水分子從水裡飛出，變成了水蒸氣。冷凍室裡的冰塊變小，也是因為冰變成水蒸氣的緣故。

特別專欄

如果冰比水重的話，地球將沒有生命？

冰會浮在水面上，因為體積相同時，水比冰重。事實上這也是水的重要特徵之一。假如冰比水重的話，地球整個結凍時，將會從海底開始結冰，所有生命或許都將因此而毀滅。

一般來說，物質如果體積相同的話，固體會比液體重。但是，水分子是V字形，而且有正負電的不同，O和H能夠互相吸引，因此分子會整齊排列，呈現冰的型態，而可自由移動的水就會湊在一起，因此「水比冰重」這個特徵拯救了地球的生命。

照相機

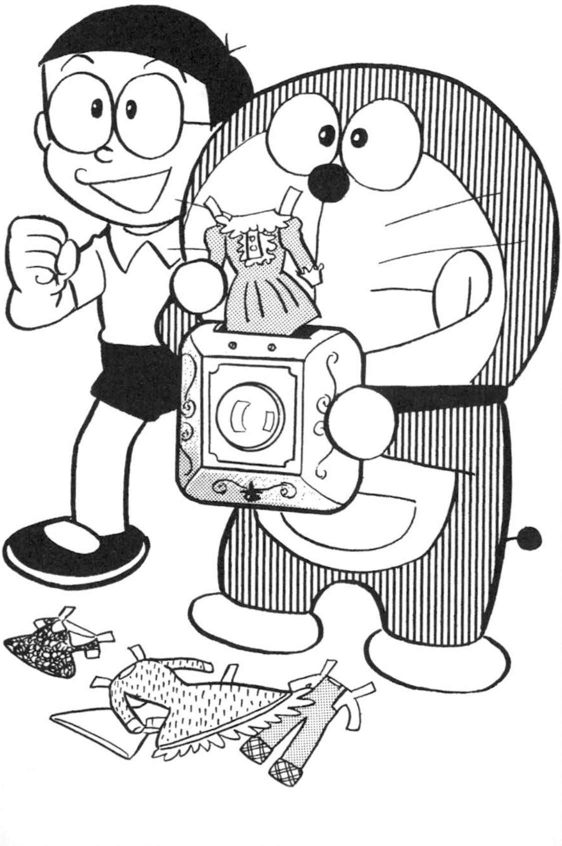

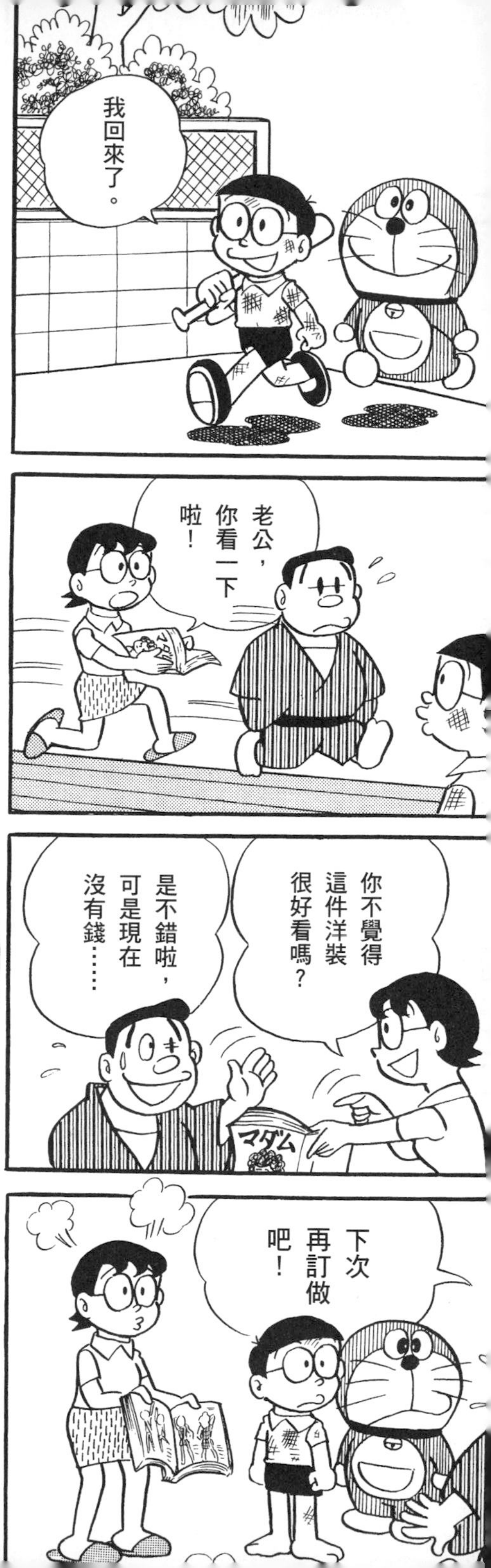
我回來了。
老公，你看一下啦！
你不覺得這件洋裝很好看嗎？
是不錯啦，可是現在沒有錢……
マダム
下次再訂做吧！

ギロ
※怒視
你又把衣服弄髒了！
你不是出門前才換過乾淨的衣服嗎？
你趕快去洗澡！
下次再把衣服弄髒，就不讓你穿衣服了！
因為爸爸不讓她訂做衣服，
所以媽媽就把脾氣發洩在我身上。

更衣

全身
溼淋淋
發生什麼事了？
沒…沒事！
糟糕了～
剛剛才被媽媽罵過……
只要把衣服換過，就好了吧！
「更衣照相機」。
改變一下心情，這樣的衣服如何啊？
把這張圖片放進照相機裡。
將衣服跟你的身體的…
位置對好。

小小世界顯微鏡Q&A

Q

「原子」這個字的意思是無法再行分割的物質。這是真的嗎？

A 真的。原子在古希臘文的意思是「無法再行分割的物質」，翻成中文便將它稱為「原子」。

嗶嗶！
位置對好之後，按下快門。
喀嚓！
咦…？
啊！
哇…
啊？
啊！
這只不過是很簡單的原理。
你就當作是在玩堆積木就可以了。
就算是一樣的積木重新堆積組合後，就會變成各種不同的形狀。
同樣的道理，把組成衣服的元素一個個拆開來，再用照相機重新組合。
不論是什麼款式都可以嗎？
任何的款式都沒問題！
！

媽媽想訂做的那件衣服……
好像是刊登在這本雜誌上。
應該是這件吧！
放入
喀嚓！
這是我的一點小小心意。
？
妳竟然不顧我的反對！
該讓誰穿漂亮的衣服呢？

小小世界顯微鏡Q&A

Q 原子的名稱來源是下列哪一個希臘文？①ZETA ②ATOMOΣ ③MONO

噗～～
你怎麼穿成那樣？
哈哈哈哈～
？
？
？
哈哈哈哈哈！
其實我是用這台照相機……
什麼!?
照相機被搶走了？

A ②ATOMOΣ。這個詞傳到了德國，最後變成英語的ATOM，意思是原子。

這台照相機…應該會成為實現我的夢想的最大助力吧！
你的夢想是什麼啊？
你這樣問我，我會不好意思的……
你看看這個筆記本吧！
事實上，我為了成為服裝設計師，正在努力用功中。
你是認真的嗎？
既然如此…我也坦白告訴你。
事實上，我的夢想是成為服裝模特兒。
好好的善用我這男子漢般強健的體魄。
太……太棒了！
呵呵……
掐！
掐！
對了！我們兩人可以合作辦一場服裝秀啊……
好啊！
先把女生集合起來。
讓她們為我們歡呼～～

小小世界顯微鏡Q&A

Q 原子是無法再分割、構成一切物質的最小零件。這是真的嗎？

A 假的。目前已知原子裡還有各式各樣的小零件。詳細內容請見後面的說明。

這是場難得一見的服裝秀喔！
胖虎會一直站在舞台上，接二連三的變換不同的服裝。
啪啪！
啪啪！
啪啪！
啪啪！
啪啪！
準備好了嗎？
我選的都是我自己很有自信的作品，已經放在照相機裡了。
要開始囉！
磅！
啪嗒
嗶——
喀嚓！
呀啊
討厭
我把小夫的設計圖拿掉了，所以照相機裡面是空的。

構成物質的分子可以分割得更小？

代表原子之意的「ATOM」原意是「無法再行分割的物質」

前一章曾經介紹，水這個分子是由H和O的積木所構成，積木就是「原子」。原子在英文裡稱ATOM，這個字源於希臘文，原意是「無法再行分割的物質」。在西元前四百年左右，希臘哲學家德謨克利特等人主張萬物是由無法繼續分割的微小粒子所構成，這也被稱為是最早的原子論。

一八〇三年，英國科學家道耳頓透過各種實驗，再次發表了原子論，奠定現代科學的基礎。但是他所認為的原子並無法解釋氧氣和氫氣形成水的反應。而發現只要把氧氣和氫氣解釋成分子，一切就能夠合理化的人，是義大利科學家亞佛加厥。事情發生在一八一一年。原子與分子相比，原子較小，但先被發現的卻不是外型較大的分子。

後來人們終於知道原子可以進一步被分割。而發現原子裡有帶負電的粒子、也就是「電子」的人，是義大利科學家湯姆生，那是在一八九七年。原子整體是電中性，湯姆生根據這點認為，帶正電的團塊裡存在帶負電的電子，也就是原子的模樣類似葡萄乾麵包。

插圖／佐藤諭

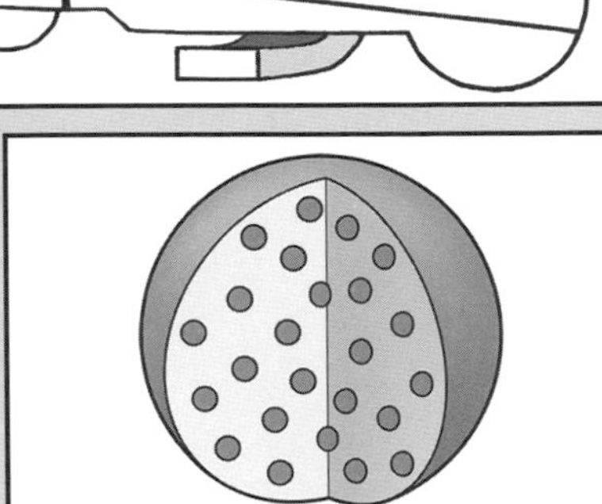

▲陰極射線因為電極而彎曲，湯姆生因此發現帶負電的電子。

插圖／加藤貴夫

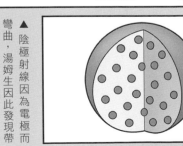

發現原子核與中子，原子內部構造逐漸明朗！

確認原子長得不像葡萄乾麵包的人，是英國科學家拉塞福。拉塞福以帶正電的小粒子，也就是α射線，照射金屬薄板進行實驗。α射線有時反彈或大幅度屈射。如果裡頭的構造像葡萄乾麵包，單薄分布一層帶正電的電子的話，α射線應該會筆直穿過金屬薄板才對。α射線產生折射是因為原子中央有帶正電的團塊，他因此發現「原子核」，並於一九一一年發表。

英國科學家查德威克透過實驗，證實原子核裡存在不帶電的粒子，也就是「中子」。查德威克使用比α射線更強的放射線照射各種物品，並檢驗從原子噴出來的物質性質，在一九三二年證實原子核裡存在中子，並且將原子核內部帶正電的粒子稱為「質子」。

插圖／佐藤諭

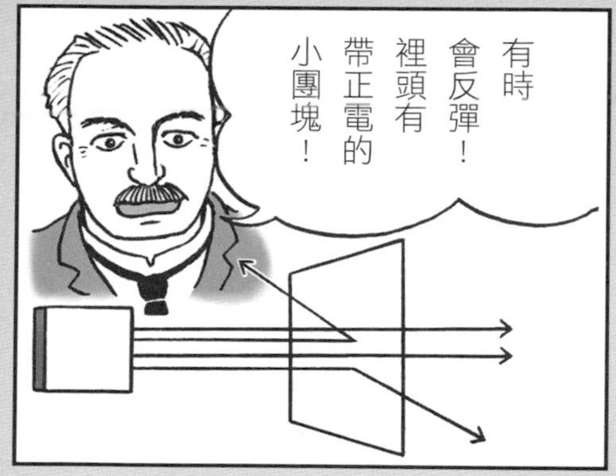

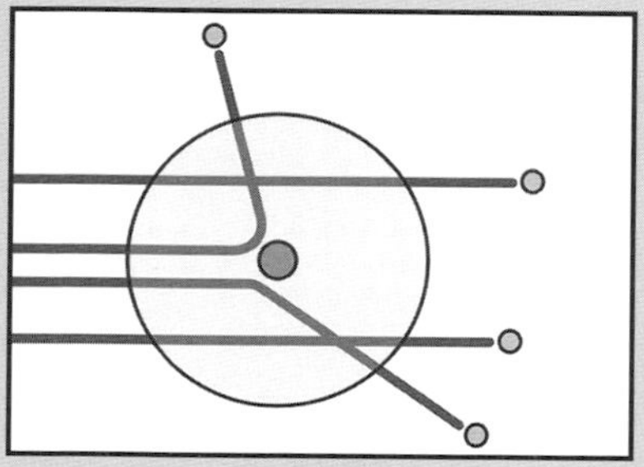

▲拉塞福把帶正電的粒子打進金屬薄板裡，因此發現原子核。

插圖／加藤貴夫

插圖／佐藤諭

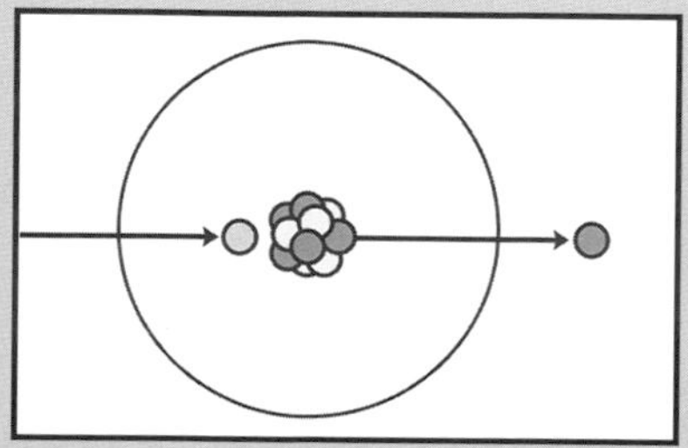

▲查德威克將放射線打入原子，並檢查產生的物質，因而發現「中子」。

插圖／加藤貴夫

沒人見過的原子模樣已經揭曉了？

這是一般常見的原子模樣！

目前還未曾有人見過原子內部的樣子，但只要不斷反覆進行各種實驗，並配合結果思考的話，即使不曾真正見過，也能夠正確描繪出原子內部的模樣。而利用這種方式得到的就是左邊的原子模型。

插圖／加藤貴夫

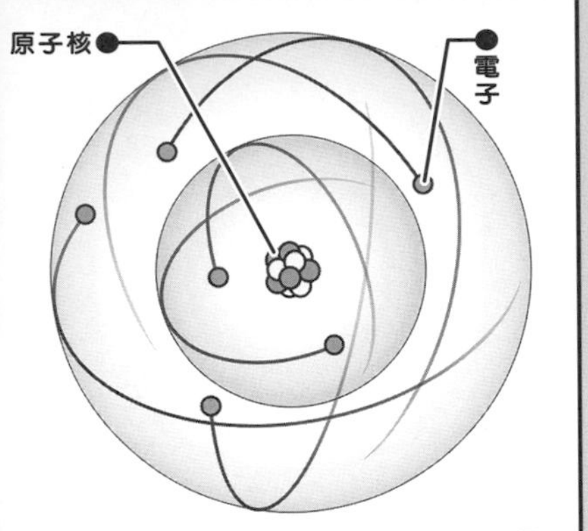

原子核

質子：位在原子中心帶正電的粒子。

中子：電中性的粒子。質子與中子合稱為原子核。

電子

位在原子核四周、帶負電的粒子。

質子與電子的數量決定原子的種類

正如我們已知構成水分子的積木有H和O兩種，原子的種類不是只有一種。不同種類的原子擁有不同性質，根據性質分類原子，就稱為元素。這裡將介紹原子為什麼存在許多種類，至於元素則將在下一章詳談。

原子的各種差異來自於原子核裡的質子與電子數量的不同。原子核裡的質子與繞行四周的電子雖然有正負電的不同，不過它們所帶的電量均是相同的。原子基本上是電中性，也就是一顆原子裡的質子和電子數量相同，因此假設質子與電子各一顆是H，各八顆是O，原子的種類也就因此而決定。

但是，一顆原子裡的中子數量並不固定。同樣的原子，中子數量卻不相同，稱為同位素。表示基本性質雖相同，單顆原子的重量卻不同。

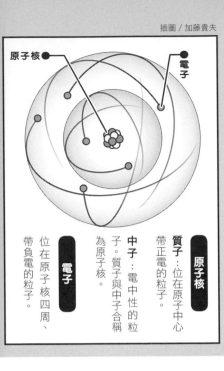

電子從七層樓建築的最底層開始住起？

原子也擁有性質相近的同伴集團，這在元素的章節將會詳細介紹。

我們假設電子住在一棟大樓裡。這些大樓＊都是七層樓高的建築，一樓有兩個房間，二樓有八個房間，三樓有十八個房間，四樓和五樓是三十二個房間，六樓是十八個房間，七樓有八個房間。電子只能獨自住在一個房間裡，每層樓有八個房間是貴賓室（一樓只有兩間貴賓室）。電子基本上只想從最底下的樓層開始住起，不過如果貴賓室有人的話，它也會先住進高一層樓的房間裡。但即使特地進了貴賓室，一層樓只有一兩個人還是很寂寞，於是它會跑出去玩；或是相反的，當貴賓室裡已經有七個人時，它會從外頭再帶一個人進來，讓它住進去。最後的入住者正好將八間貴賓室住滿時，它們將不再與其他大樓的人往來。原子的性質就是這麼決定的，不過詳情請參見元素的章節。

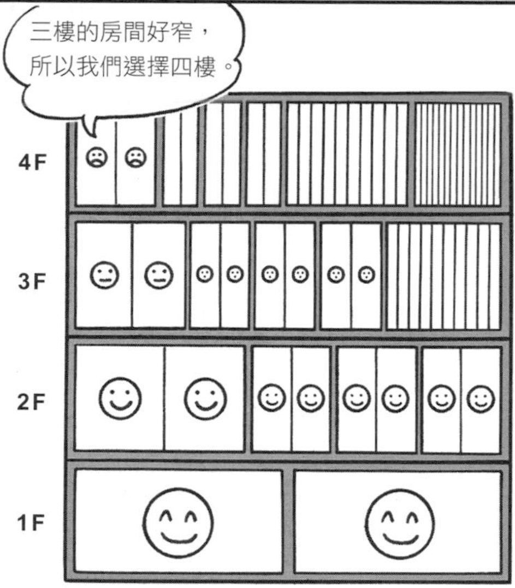
三樓的房間好窄，
所以我們選擇四樓。
4F
3F
2F
1F

電子大樓入住規則

要出租到幾樓為止，由原子裡的質子數量決定。質子越多，出租的樓層數也越高。

插圖／佐藤諭

特別專欄

事實上我們還不知道電子在哪裡

原子最近多半描繪成下圖的模樣，原子核四周的電子被畫得像朦朧的雲層，但如果你以為那每一點代表一顆電子，可就大錯特錯了。電子所在的地方事實上連上帝也不清楚。

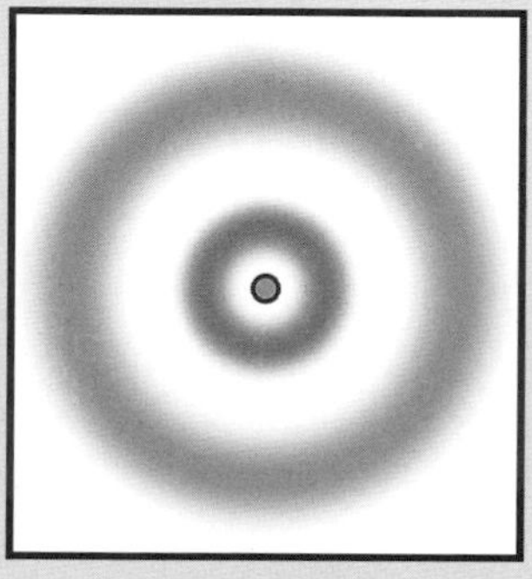

◀電子消失去哪了？這個祕密將在基本粒子的章節中解開！

插圖／加藤貴夫

＊大樓的樓層數量是模仿電子殼層，但房間數量不是指可容納的數量，而是以元素週期表的元素電子組態為藍本。

合成礦山元素

最近哆啦A夢有好多銅鑼燒吃喔。
該不會媽媽只有提高哆啦A夢的零用錢吧？
怎麼可能。
說得也是。
吃得好飽喔，出去走走，幫助消化。
他一定有什麼祕密瞞著我……
這傢伙，有事竟然不告訴我，太見外了吧！

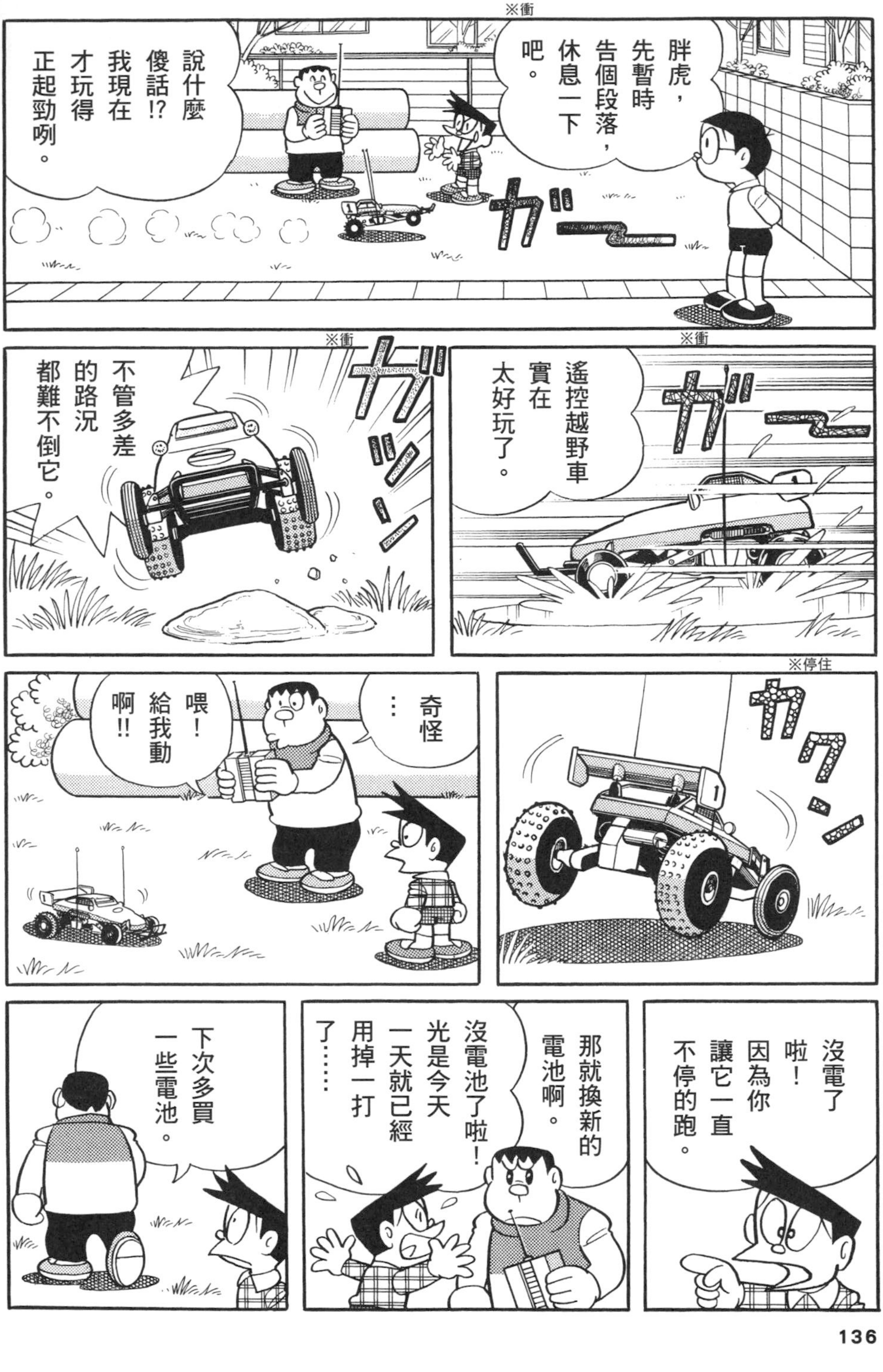
胖虎，先暫時告個段落，休息一下吧。
※衝
說什麼傻話!?我現在才玩得正起勁咧。
※衝
遙控越野車實在太好玩了。
※衝
不管多差的路況都難不倒它。
※停住
奇怪……
喂！給我動啊!!
沒電了啦！因為你讓它一直不停的跑。
那就換新的電池啊。
沒電池了啦！光是今天一天就已經用掉一打了……
下次多買一些電池。

小小世界顯微鏡Q&A

Q 宇宙中目前已知百分之九十八的物質，均是由兩個零件（元素）構成。這是真的嗎？

A 真的。這個宇宙的百分之九十八都是由氫和氦這兩種元素所組成。但是也有說法認為這表示有大半物質仍屬未知。

暫時不玩遙控車了啦！
要花那麼多錢買電池實在吃不消。
等等……
幹嘛？
要是我拿一堆電池來，你會借我玩遙控車嗎？
好啊……
但你有電池嗎？
沒有。
我只是問問而已。
我沒有電池啊。
鼾……
ガバ
剛剛好像有人偷偷的……
走出這個房間……

※醒來

※匡啷匡啷
院子裡有聲音。
ザク…
ザク…
ザク…
※匡啷匡啷
ザク…
ザク…
哆啦A夢!!
啊…被你發現了。
三更半夜你到底在做什麼啊？
我在挖銅鑼燒啊。
土裡面怎麼會有銅鑼燒!?
這不是土，這是「合成礦脈」。

小小世界顯微鏡Q&A

Q 宇宙共有三十種元素。這是真的嗎？

A 假的。根據研究學者表示，目前獲得承認的元素共有一百一十八種。

就是用這個做成的。
「合成礦山元素」。
就是所有元素種類的混合液。所以任何東西它都可以幫我們合成。
什麼是元素啊？
元素就是氧、氫、碳、氮、氯、金、銀、鐵、銅、鉛、鈉、鈣…等，全部共有三百零三種。
整個宇宙都是由這些元素所組成的。
連地球和太陽也是由元素所組成。
還有水、空氣和海陸也是…
甚至連我、大雄和銅鑼燒都是。
……那電池也是囉？
當然。
做一座電池礦山給我!!
庭院不行啦，因為已經被銅鑼燒塞滿了。
在哪裡做好呢？

到後山去應該就不會被別人發現了吧。
※鑽入
先讓「機器鼴鼠」幫我們挖好直通到底的洞穴。
然後加入「礦山元素」。
ドボ
ドボ
※倒入
再丟一個電池進去。
等混合元素液體硬化，形成礦脈，合成電池之後……
明天下午，我們就可以挖到滿山滿谷的電池了。
我回來了!!

小小世界顯微鏡Q&A

Q 目前存在的元素，全都是宇宙誕生之初就存在。這是真的嗎？

A 假的。元素當中有些是星球形成時或爆炸時產生的；也有些是原本地球上沒有，而人類透過人工方式製造出來的。

走吧、走吧。
昨天我們倒下礦山元素的地點是那邊才對喔。
只要從半山腰挖進去的話，就可以直接挖到礦脈了。
「強力十字鎬」。
只要用一點點力氣，就能轉變成一百倍的力量。
ガチガチ
ガチガチ
真的耶，這樣就完全不會累了。
コキン

※鏘

※喀啷喀啷

是礦脈。從這裡開始得謹慎一點挖才行。
哇～～好多電池喔!!
是你自己說的喔，遙控車借我們吧。
下次再說。
※碰
到後山來測試一下遙控越野車的威力。
喔！有這麼多電池啊，真是太棒了。
ガー
※衝

小小世界顯微鏡Q&A

Q 想出相對論的愛因斯坦也曾經利用實驗製造出新元素。這是真的嗎？

A 假的。雖然有元素是參考愛因斯坦的名字命名，不過並非愛因斯坦所創造的。

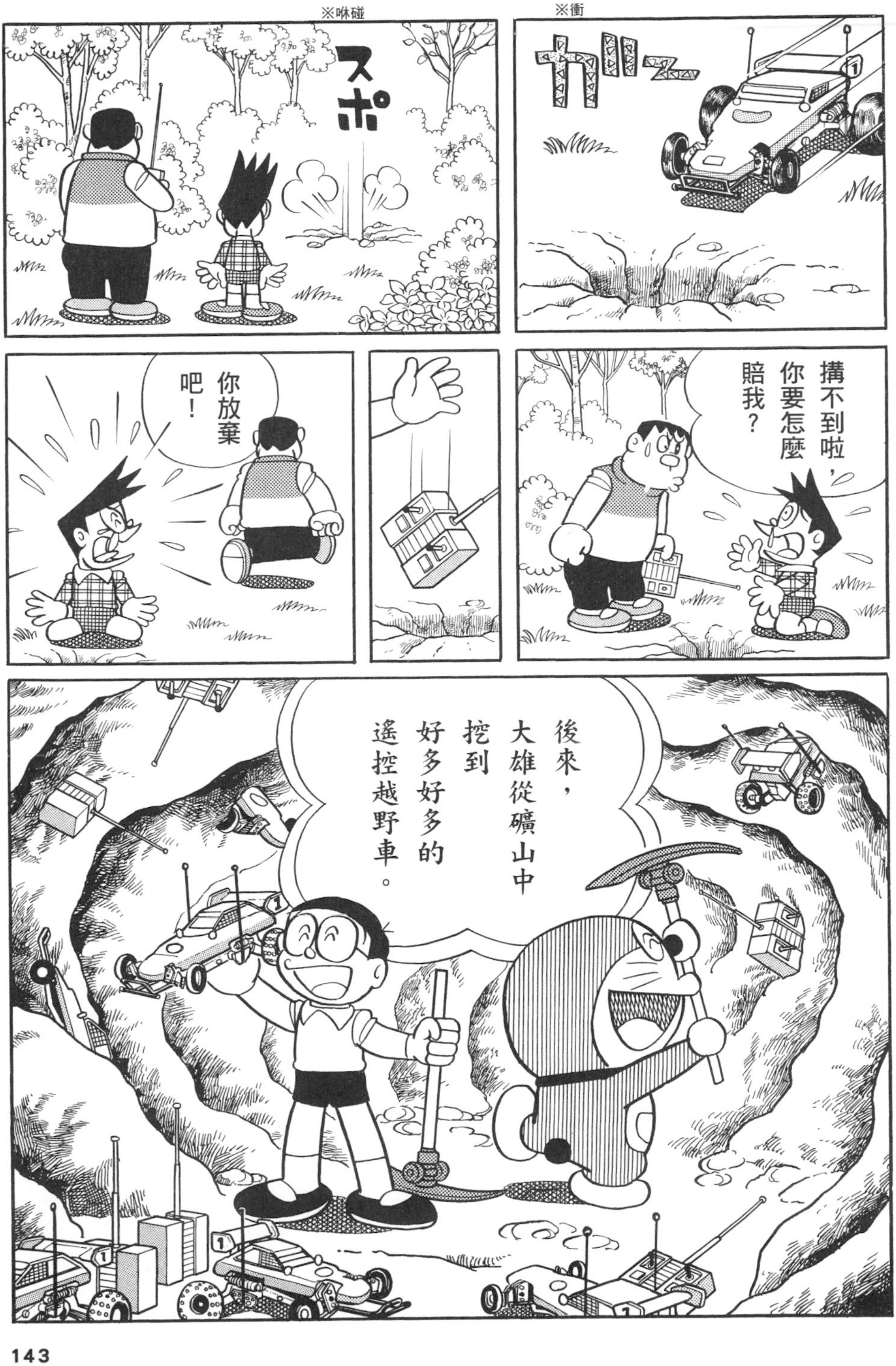
※衝
※咻碰
スポ
搆不到啦，你要怎麼賠我？
你放棄吧！
後來，大雄從礦山中挖到好多好多的遙控越野車。

元素的種類很多嗎？

質子與電子的數量差異，形成各式各樣的原子，也就是元素

左表是目前國際承認的元素，從左上開始由輕到重、橫向排列而成。按照輕重順序排列的話，也能看出哪些元素在週期上具有相似性質。這個表格將性質相似的元素縱向排列，稱為元素週期表。表上雖然只有元素符號，假如你有興趣的話，也可以去查查它們的名字。

3	4	5	6	7	8
					2 He
5 B	6 C	7 N	8 O	9 F	10 Ne
13 Al	14 Si	15 P	16 S	17 Cl	18 Ar
31 Ga	32 Ge	33 As	34 Se	35 Br	36 Kr
49 In	50 Sn	51 Sb	52 Te	53 I	54 Xe
81 Tl	82 Pb	83 Bi	84 Po	85 At	86 Rn
113 Nh	114 Fl	115 Mc	116 Lv	117 Ts	118 Og

類金屬　非金屬　惰性氣體　鹵素

67 Ho	68 Er	69 Tm	70 Yb	71 Lu	①鑭系元素
99 Es	100 Fm	101 Md	102 No	103 Lr	②錒系元素

在所有元素當中，只有九十二種是地球上自然存在的，其他則是由人類透過人工合成的方式製作出來的。除了到目前為止被確認的元素之外，還要加上在二〇一六年國際間承認的四種新元素，分別為第113號的Nihonium（元素符號為Nh）、第115號Moscovium（元素符號為Mc）、第117號Tennessine（元素符號為Ts）以及第118號Oganesson（元素符號為Og）。加上這四個新成員後，元素家族總共有一百一十八種元素。

在原子的章節中，曾經把電子比喻成住在大樓裡的居民。上表右側縱向排列的惰性氣體夥伴，就是貴賓室由最後的入住者填滿的例子。

隔壁的鹵素元素，貴賓室裡只有七個人，屬於勉強帶來一人入住的例子。表格左邊的鹼金屬元素是屬於某個樓層的貴賓室只有一個人，而且立刻跑出去玩的例子。接下來將介紹各集團的特徵。

週期表

週期＼族	1	2	3	4	5	6	7	8	9	10	11	12
1	1 H											
2	3 Li	4 Be										
3	11 Na	12 Mg										
4	19 K	20 Ca	21 Sc	22 Ti	23 V	24 Cr	25 Mn	26 Fe	27 Co	28 Ni	29 Cu	30 Zn
5	37 Rb	38 Sr	39 Y	40 Zr	41 Nb	42 Mo	43 Tc	44 Ru	45 Rh	46 Pd	47 Ag	48 Cd
6	55 Cs	56 Ba	57-71 ①	72 Hf	73 Ta	74 W	75 Re	76 Os	77 Ir	78 Pt	79 Au	80 Hg
7	87 Fr	88 Ra	89-103 ②	104 Rf	105 Db	106 Sg	107 Bh	108 Hs	109 Mt	110 Ds	111 Rg	112 Cn

①	57 La	58 Ce	59 Pr	60 Nd	61 Pm	62 Sm	63 Eu	64 Gd	65 Tb	66 Dy
②	89 Ac	90 Th	91 Pa	92 U	93 Np	94 Pu	95 Am	96 Cm	97 Bk	98 Cf

87 Fr：原子序／元素符號

非金屬（H）；鹼金屬（Li、Na、K、Rb、Cs、Fr）；鹼土金屬（Be、Mg、Ca、Sr、Ba、Ra）；金屬（過渡金屬）；主族金屬（鋁等）

特別專欄

與宇宙同時誕生的只有氫與氦！超新星爆炸產生的元素也包含構成人類的元素！

天然的元素也並非從宇宙誕生之時就存在。宇宙大霹靂製造出這個宇宙的同時，產生的元素是氫（表上的 1H）與氦（2He）。氫集結成恆星，恆星內部發生核融合反應產生的元素是到鐵（26Fe）為止的重元素。大型恆星死亡時，發生超新星爆炸，此時產生的是到鈾（92U）為止的元素。現在地球上有金（79Au）、鈾等比鐵更重的元素，是因為過去發生超新星爆炸的星球殘骸中含有這些成分。比鈾更重的元素是人工合成的成品，因此部分發明國借用科學家的名字，如：愛因斯坦、居禮夫婦等替元素命名。

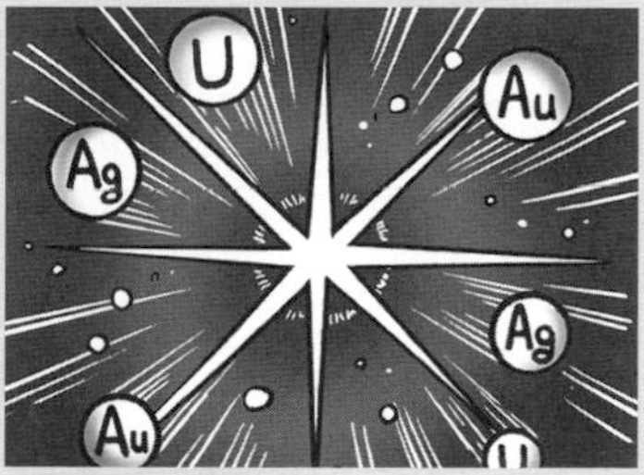

▲超新星爆炸後產生了重元素。

▲有一些元素的名稱與科學家同名。

插圖／佐藤諭

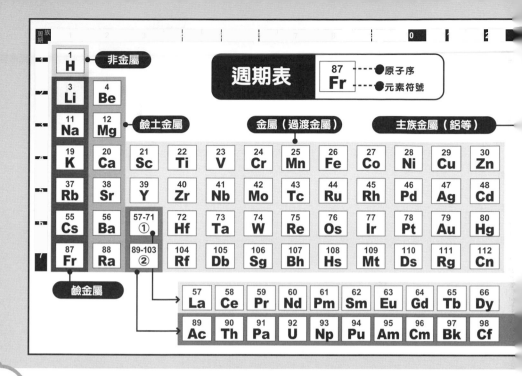

各集團的元素特徵在此！

連地球和太陽也是由元素所組成。
還有水、空氣和海陸也是…
甚至連我、大雄和銅鑼燒都是。

人體大約百分之九十是這個——非金屬

單體是氣體或沒有光澤的個體，不易導電、導熱。如果氫也列入非金屬的夥伴，則人體有百分之九十七屬於非金屬元素。人體的百分之六十至六十五是由氧（8O）和氫（1H）組成的水。製造細胞必須用上許多碳（6C）；氮（7N）則是製造肌肉等的蛋白質；磷（15P）是骨頭重要的材料。

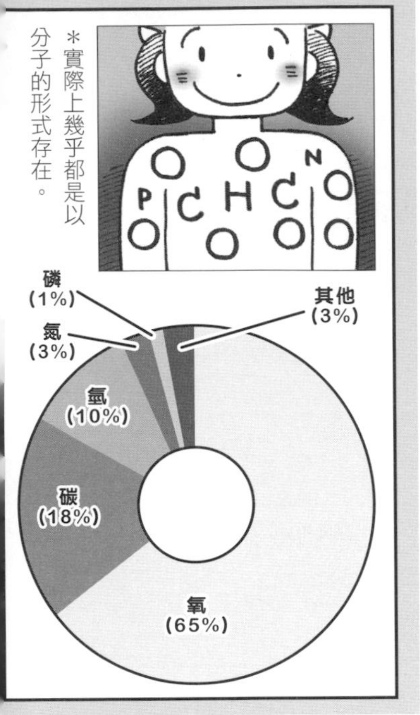
O O N
P C H C O
O O O O
磷 (1%)
其他 (3%)
氮 (3%)
氫 (10%)
碳 (18%)
氧 (65%)

＊實際上幾乎都是以分子的形式存在。

插圖／佐藤諭

金屬（過渡金屬、主族金屬等）通電後硬度都不同！

集中在元素週期表中央的是金屬的夥伴。以單體來說，多半是有光澤的個體，容易導電、導熱。一碰到金屬會覺得冷是因為金屬導熱快，身體的熱被搶走了。

過渡金屬堅硬強韌，個個都是一聽到名稱就很容易想像的元素。例如：鐵（26 Fe）、銅（29 Cu）等，人們自古以來多半用來打造工具。

過渡金屬右邊的鋁（13 Al）等主族金屬，比過渡金屬柔軟，不用太高的溫度就會熔化。

鋁
銀
金
銅
鐵
哐！
哐！
1
2
3

插圖／佐藤諭

還有其他許多元素集團

鹼金屬、鹼土金屬元素

電子大樓裡住著馬上就會跑出去玩的電子。這句話的意思是電子很容易與其他元素產生反應，不容易以單體形式存在。例如：鉀（19 K）等，一放進水裡就會與水發生反應而爆炸。

插圖／佐藤諭

類金屬

在元素週期表上，夾在金屬與非金屬元素之間、排成斜線的類金屬元素，正如它的名稱那般同時擁有金屬與非金屬元素兩者的性質。比方說，矽（14 Si）既能夠變成玻璃，又不像金屬能夠導電，適合當作半導體的材料，在電子機械上應用廣泛。

鹵素

與鹼金屬、鹼土金屬相反，這種元素想要多讓一個電子住進大樓裡，因此容易引起反應。但是發生反應、製造出化合物之後，就會變得穩定、不易遭到破壞。比方說，氟（9 F）屬於易燃氣體，但它的化合物能夠保護牙齒，亦可當作潔牙粉使用。

惰性氣體

當電子大樓裡的所有貴賓室正好客滿時，十分難產生反應。單體是氣體，通電後多半會發光。集團名稱裡有「氣體」兩字，不過這些氣體不會燃燒，很安全，因此也用來冷卻氦（2 He）變成液體，用以冷卻核子反應爐。

鑭系元素

加上過渡金屬的鈧（21 Sc）、釔（39 Y），也稱為「稀土元素」。雖然稱為「稀土」，事實上並非指這些構成地球的物質數量稀少。釹（60 Nd）是行動電話、電腦中也使用的磁石材料。

錒系元素

這群元素相當重，而且全都是放射性元素。自然界不存在比鈾（92 U）重的元素，除了人造元素。鈽（94 Pu）會釋出α射線，因此會發熱，看來就像發光的熱石灰。

插圖／佐藤諭

四次元新手標誌

※噠噠噠

ダダダ
遲到了！遲到了！
只剩下五分鐘了！
看來趕不上了。
大雄！你為什麼每天都遲到？
是因為學校太遠了……
胡說八道！去走廊罰站!!
本來就是這樣啊……
只要把上學的路程再縮短五分鐘，我每天早上就不會遲到了。

快借我「搬到學校附近機」啦！
哪有那種東西啊！
算了，拜託你也沒用。
爸爸，你回來啦？
怒氣~
爸爸心情好像不是很好耶！
實在太令人生氣了!!
我去上汽車駕訓班時……
教練居然說「你笨手笨腳的，勸你最好不要開車上路。」
說什麼鬼話！

小小世界顯微鏡Q&A

Q 所有物質均由基本粒子構成。這是真的嗎？

我承認，我確實有點笨手笨腳。
但就是因為這樣才要去駕訓班學啊!!
唉唉……如果有個可以自由練習的場所就好了……
爸爸和我一樣運動神經很差。
真是可憐……
我可以幫你找個能自由練習的地方喔！
即使技術再怎麼差，也絕對不會發生車禍！
真的嗎!?
跟我來就知道了。
什麼？原來在院子裡！
「兒童練習車」。

A 真的。原子也是由各式各樣的基本粒子組成。

Q 研究基本粒子或許能夠破解重力的祕密。這是真的嗎？

上面的方向盤、油門以及煞車，都和真正的車子一模一樣。
時速可以達到三百公里喔！
會撞到牆壁的！
「四次元新手標誌」。
把這個貼在車子上，就會進入四次元世界。
因此無論碰到什麼東西，都會像穿透空氣一樣。
真的不會有問題嗎？
絕對不會有事的!!
ブルルル
※發動
哇啊！要撞上了!!
※碰

A 真的。目前尚未有斬獲，不過科學家認為傳導重力的也是基本粒子。詳細內容請見後面的說明。

スポ
※穿越
完全不用擔心會撞上！
可以隨心所欲的開耶！
太過癮了！
好好練習的話，應該就能越來越熟練。
好！
我會努力練習的！
我想到了！
ブロロ
※噗嚕嚕

剛剛的新手標誌還有嗎？
還有啊。
這樣就可以不管道路，一路直走到學校了。
學校是這個方向。
嗨！
途中不管碰到什麼障礙都不用擔心。
咻一下就可以穿過去。
即使閉著眼睛也不會怎樣。
哇哈哈!!
到達學校的時間比平常還快十分鐘。

※穿越

小小世界顯微鏡Q&A

Q 基本粒子是利用超高倍率電子顯微鏡觀察原子時發現的。這是真的嗎？

A 假的。沒有人實際透過顯微鏡看到基本粒子。

我以後絕對不會再遲到了！
也不必害怕會被胖虎逮住！
更不用擔心被狗咬，能穿過車子，所以絕對不會被撞……
ドカ
※碰嘎
你們兩個都在四次元，還是會撞在一起的。
我看我果然別開車比較好。

「四次元新手標誌」。

最小的物質——「基本粒子」是什麼？

構成物質！傳導力量！這就是基本粒子

其實大部分的大人也不懂什麼是「基本粒子」。分子和原子在國中理化課裡會教到，基本粒子卻幾乎連上過大學的人也不曾學過。

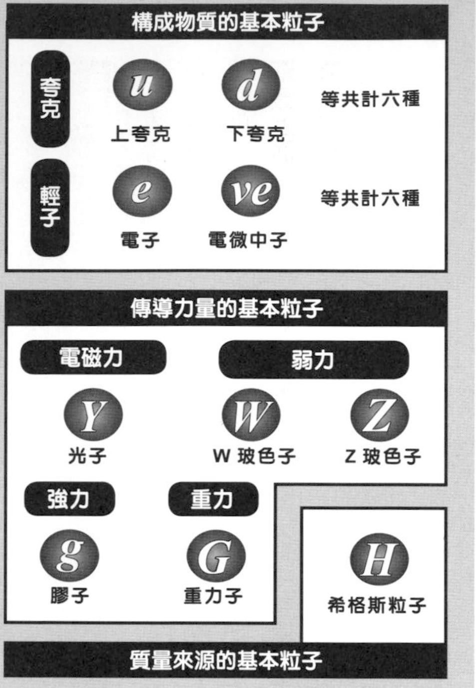
構成物質的基本粒子
夸克
u
上夸克
d
下夸克
等共計六種
輕子
e
電子
νe
電微中子
等共計六種
傳導力量的基本粒子
電磁力
γ
光子
弱力
W
W 玻色子
Z
Z 玻色子
強力
g
膠子
重力
G
重力子
H
希格斯粒子
質量來源的基本粒子

基本粒子目前被認為是無法進一步分割、所有物質的最小單位。另外，基本粒子平常展現的性質也超乎我們日常生活「常識」所能夠理解的範圍。看了接下來的介紹，各位或許會覺得「騙人！」但即使你認為這不是真的，也請暫時先記在腦子裡的某個角落。只要這麼做了，你就會比你的父母親、小學老師等身邊多數的大人，還要更了解基本粒子了。

請先看看左上的圖表，瞧瞧基本粒子裡有哪些東西。

特別專欄

反物質真的存在嗎？

基本粒子裡有帶電的粒子，也有正負電相反的反粒子。反粒子集合在一起就是反物質。

事實上檢查身體的機器等裝置，就是利用帶正電的正子（正電子）。

插圖／佐藤諭

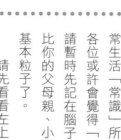

夸克和輕子形成原子

在原子的章節裡提過，原子內部有電子和原子核，原子核則是由質子和中子構成。而當中的質子和中子已知是由更小的零件構成。構成質子和中子的零件就是右圖最上面「夸克」這個集團的基本粒子。質子是兩個上夸克和一個下夸克組成；中子是一個上夸克和兩個下夸克組成。電子則是「輕子」這個集團的基本粒子。

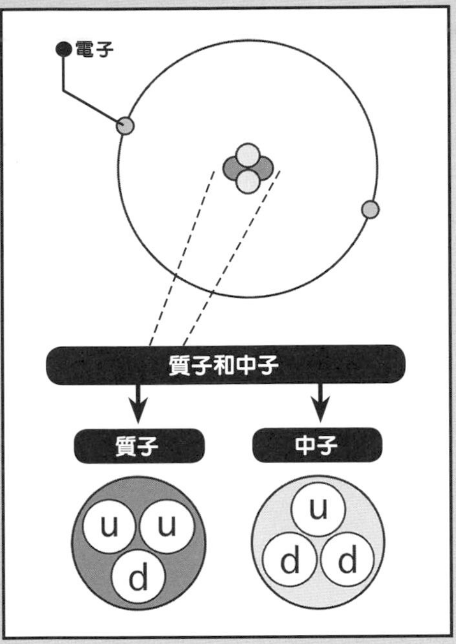

插圖／加藤貴夫

磁鐵能夠黏上東西是因爲光？自然界裡存在四種力量

圖表裡也有提到「傳導力量的基本粒子」。事實上自古以來，部分科學家認為磁鐵的力量、重力等相隔一段距離仍然能夠發揮作用的力量，十分不可思議。最早揭開謎團的是電磁力。舉例來說，利用磁鐵吸引遠處的物體。電磁力傳導的是光子這種基本粒子，也就是光。磁鐵與迴紋針能夠互相吸引，就是因為光子這種基本粒子發揮作用的緣故。

右頁上圖的下表中提到的是存在於自然界的四大力量，以及傳導這些力量的基本粒子。弱力是在核分裂等發揮作用的力量；強力是在原子核裡連結質子等的力量。唯獨重力子目前尚未發現。

表框外的H希格斯粒子這種基本粒子則是質量的來源，於二〇一二年宣布發現。

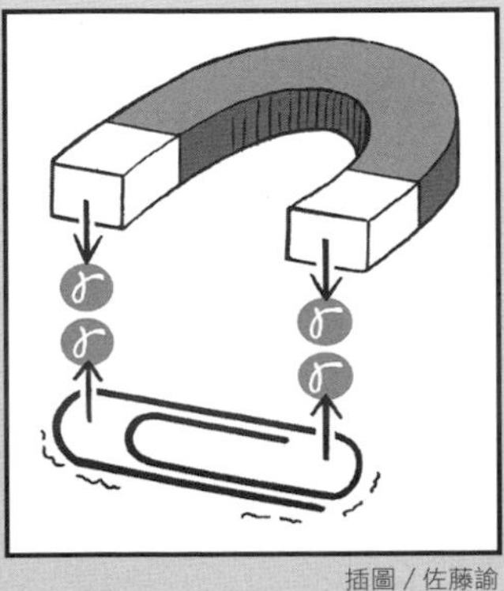

插圖／佐藤諭

基本粒子不是顆粒？

單顆外型看起來像顆粒，但集合在一起，看起來像波

基本粒子擁有顆粒的性質，也擁有波的性質。顆粒與波通常是互相矛盾。比方說，顆粒無論多小都能夠聚集成一塊。相反的，波則是像聲音或地震那類的東西；聲音和地震不是靠顆粒移動傳遞，而是藉由空氣或大地等原本就存在的東西傳導。

那麼，我們一起來看看底下的實驗吧！下圖中畫的是真實存在的一種實驗。將電子「一次一顆」對著有縫隙的牆壁發射，穿過縫隙的電子會打中後面的牆壁。反覆幾次之後，電子打中的牆上與沒打中的地方出現條狀痕跡。從一顆顆打中的地方可看出電子是「顆粒」，但如果電子是「顆粒」的話，就無法解釋為什麼出現「打中的地方」與「沒打中的地方」了。因為形成這種條狀痕跡的是電子的「波」。

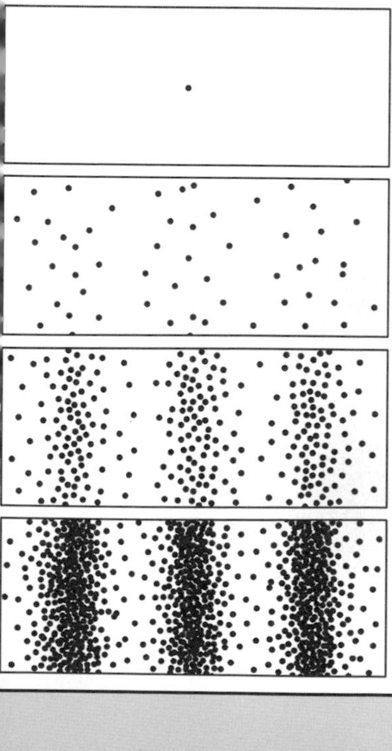

射擊電子顆粒實驗

將大量電子一顆顆射出之後，雖不清楚電子穿過哪一個縫隙，不過會在牆上形成條狀痕跡。但是，如果將一側的縫隙遮住，或是裝上調查電子通過哪一邊縫隙的裝置，就不會出現條狀痕跡。實驗進行到一半時檢查電子的情況，就會改變實驗結果。

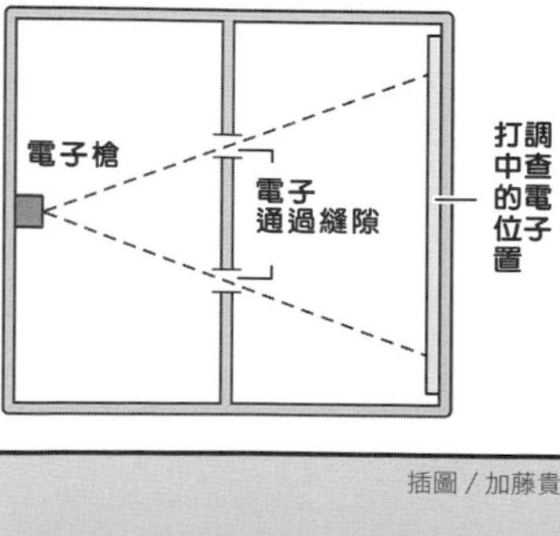

插圖／加藤貴夫

插圖／佐藤諭

基本粒子的實際狀態 就像LED跑馬燈上的文字

基本粒子如果是波的話，形成條狀痕跡的原因在學校裡也學過（高中基礎物理），總之這裡先省略說明。在此我們一起想想，基本粒子雖然擁有顆粒的性質，但無論多小，它真的擁有實體顆粒嗎？答案是否定的。甚至應該說基本粒子就類似LED跑馬燈上移動的文字。舉例來說，搭電車時，站名等資訊會出現在LED跑馬燈上，靠近一看就會發現，文字其實沒有移動，而是固定不動的小光點亮起或消失而已。

在現實中，電子就像是在遍布於宇宙的無形LED跑馬燈上發光移動，類似光點。遍布宇宙的LED跑馬燈稱為「場」，除了電子之外，傳導夸克和力的基本粒子等，也擁有自己固有的「場」。

基本粒子是傳導「場」的能量

我們假設從底下 A、B、C 出發的光點是基本粒子。三個光點都一樣明亮，兩個光點在 1、2、3 處重疊之後，亮度會變成兩倍，看來就像兩個顆粒重疊在一起。因此基本粒子在這層意義上被認為是顆粒。但是，光點移動的地方其實是 LED 跑馬燈上，光點上不存在顆粒的實體。

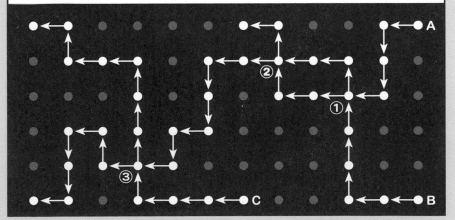

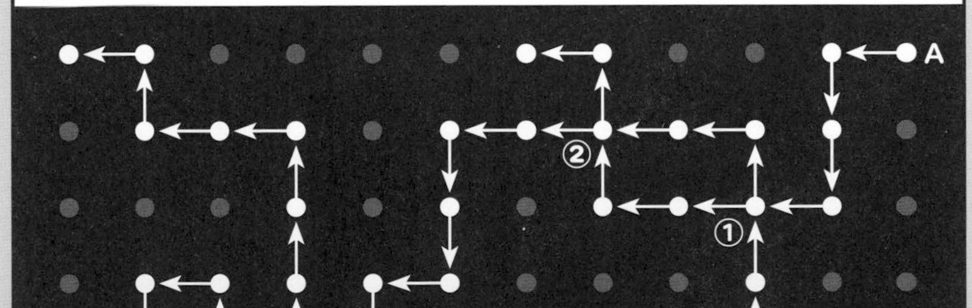

無法得知基本粒子會在何時、何處出現？

不是「不知道」在哪裡，而是「不固定」！

基本粒子儘管具有波的性質，並不表示基本粒子的粒子會起伏前進，或是具有類似傳遞音波的空氣一樣的實體。基本粒子的波表示「可能性」；即使可以看見基本粒子的波幅，但該波的高低只表示那兒「很可能」存在基本粒子。

插圖／佐藤諭

那裡有基本粒子！
可是能量完全不清楚。
能量知道了！
可是在哪裡呢？

而且基本粒子的性質是場所與能量「不確定」。舉例來說，如果有一顆像球一樣的粒子，我們如果知道它現在的場所、飛往的方向或力量等能量的話，就可以知道它要飛向何處。但若是基本粒子，即使能夠正確測量出場所，卻無法曉得能量；能夠測得能量，卻反而不知道場所。這句話的意思不是現在的科學技術無法測量，而是基本粒子生性如此。

特別專欄

基本粒子在真空宇宙也能夠誕生並消失

基本粒子不只是場所和能量不確定，連它的時間和能量也通通都不確定。

看來空無一物的真空宇宙裡也很有可能瞬間產生龐大的能量，突然冒出基本粒子。而且，實際實驗後證實，基本粒子確實會在看來空無一物的真空中誕生了又消失。

基本粒子就是擁有這些不確定性，取決於機率。研究基本粒子的科學家們在剛開始時，也無法相信這一點。

「沒有確定答案」的話，真的有半生半死的貓？

輻射衰變是自然界四大力量之中的「弱力」所造成。弱力由機率決定，因此直到觀測之前都不曉得輻射是否衰變（沒有確定的答案）。也就是說直到觀測之前同時存在輻射衰變的狀態與沒有衰變的狀態。那麼，將輻射物、輻射一衰變就會產生毒氣的裝置以及一隻貓放進箱子裡，因為我們無法得知裡面的情況，在檢查箱子裡的狀況之前，如果輻射衰變與未衰變兩種狀態同時存在的話，表示死掉的貓與活著的貓也會同時存在？

死掉的貓與活著的貓同時存在這件事，各位不可能真的看到，但是，在最新的實驗中（雖然不是真的使用貓咪做實驗）已經得知，活著的貓與死掉的貓同時存在的狀態的確成立。

插圖／佐藤諭

尚未確定貓是死了還是活著。
不清楚衰變發生與否的輻射物，以及毒氣產生裝置。

▲這是根據「基本粒子若是取決於機率的話，將是什麼情況」所思考出來的概念，並非真的進行過這個實驗。研究學者過去也難以相信在開箱檢查之前兩種狀態共存。

即使單顆基本粒子是個謎，對於整體而言還是很清楚

你或許覺得基本粒子充滿了謎團，不過目前科學家不清楚的只有單顆基本粒子的情況。基本粒子數量變多的話，整體將會如何發展，在機率上反而清楚明白。

多虧了基本粒子研究的進步，解開了金屬與半導體中的電子活動之謎，也因此促成了IT機械的急速演進。

插圖／佐藤諭

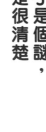

途中不管碰到什麼障礙都不用擔心。

調查基本粒子能夠知道什麼？

解開重力與宇宙的謎題關鍵在基本粒子的研究

基本粒子被認為是創造宇宙萬物的源頭。也就是說，了解基本粒子的話，就能夠了解這個宇宙如何誕生、如何演化而來。

現在正在進行的研究是利用基本粒子解釋重力。

插圖／佐藤諭

基本粒子不是點！而是「弦」！

將重力與基本粒子視為一體，並加以說明的理論之中，最有希望取得研究成果的是「超弦理論」。在此之前基本粒子被認為是不大的點狀顆粒，但如果改變想法，將它想成是類似繩子的細長形狀，就能夠解釋重力了。而這個超弦理論如果正確的話，眾人已知的四維時空將會變成只是宇宙的一部分，真正的宇宙則會是十維時空。

超弦理論是否正確目前還不知道，也有研究學者認為超弦理論不是科學。但是，不管理論如何，可以確定的是研究微小的基本粒子，就能夠解開廣大宇宙之謎。

特別專欄

$1+2+3+\cdots\cdots=-\frac{1}{12}$ 所以宇宙是十維時空 ?

標題上的算式是從 1 依序加到無限大，不曉得為什麼得到的答案竟然是比 0 更小的 -1/12。事實上，這個算式就是超弦理論，也就是解釋出宇宙為何是十維空間的原因。

這個算式其實與基本粒子的研究無關，是十九世紀的數學家尤拉（Leonhard Euler）證明得來。現在的基本粒子研究如果缺少這類數學知識就無法進行。儘管經過計算和實驗結果得知宇宙是十維時空，我們卻無法以繪畫或照片說明它的模樣，正確來說只能以數學算式解釋。如果真想知道基本粒子和宇宙的樣貌的話，趕快把數學學好吧！

※ 也有可能是十一維時空

變身、變身、再變身

可惡！給我站住～
跑太慢實在吃虧啊。
POKA BOKA
敢跟我作對就是這種下場。
為什麼我這麼沒用……
連一項優點都沒有啊？
我能不能跑得跟馬一樣快，變得跟大象一樣強壯啊？
當然可以。
要怎麼做!?
利用運動來鍛鍊身體啊。

小小世界顯微鏡Q&A

Q 萬能細胞能夠變成骨頭、肌肉等身體局部細胞的過程稱為什麼？①變身 ②反應 ③分化

A ③分化。目前科學家們正熱衷於研究將iPS細胞等萬能細胞分化成為目標細胞。

什麼嘛……真無聊……
什麼無聊啊!!
那我問你，馬從一開始就跑得那麼快嗎？大象從以前就很強壯嗎？
那還用說嗎？
才不是呢!!
不是？
距今四千萬年前，馬的祖先是一種叫始祖馬的動物，體型只有小型犬般大。
大象的祖先是始祖象，體型只有小豬那麼大，一點都不起眼。

馬的進化
馬
上新馬
草原古馬
漸新馬
始祖馬
象的進化
長毛象
掩齒象
乳齒象
古柱牙象
始祖象

※馬和大象還有其他進化過程，在這裡只舉出其中一例來說明。

牠們為了在殘酷的大自然中競爭，獲得生存下來的機會，所以才進化得這麼快又強壯。
喔～我完全不知道。
可是，還要花四千萬年進化就來不及了啦。
「變身飲料」。
変身ドリンク
雖然沒辦法進化，可是能變身。把這個喝下去，然後專心想著你喜歡的動物模樣。
※咕嚕咕嚕
效力可以持續六小時。
ゴクゴク
我先變成馬吧。
集中精神……
然後想著馬的模樣……
…………
沒變啊。
沒有那麼快，因為得重改全身的細胞。

小小世界顯微鏡Q&A

Q 人類的複製ES細胞製作尚未成功。這是真的嗎？

那我再喝一瓶。
不行。
喝過多的話，會變得太容易變身。
那樣才好啊。
※噗嚕
※噗嚕
※噗嚕
ピク…
ピク…
啊。
ピク…
ピク…
藥效產生了！
ピク
ピク
ピク
嘶嘶～
變身成功!!
看起來不太好看耶。
那是因為你沒有正確想像出馬的模樣。
算了，我出去一下。
哇——

A 假的。二〇一三年美國研究團隊已經宣布「成功製造出人類複製ES細胞」。

好快喔。這樣胖虎就追不上我了。
啊！小狗穿著衣服耶。
這隻狗看起來像河馬又像豬。
先變回來好了。
回復倒是很簡單。
衣服好像被撐大了。
在那裡！
※咧～
べー
在這裡立刻變身成馬…

小小世界顯微鏡Q&A

Q 刻意植入某個基因的動物稱為什麼？ ①基因改造動物 ②複製動物 ③基因剔除動物

A ①基因改造動物。目前已廣泛運用在醫藥、食品、基因本身的功用等研究上。

POKA
BOKA
太慢了啦。
一瓶的效果果然還是不夠。
※咕嚕咕嚕
太好了。
哆啦A夢不在。
再看清楚動物的模樣。
※咧～
這樣一來進化的速度，應該會突然提升才對。
又來了！

兔子！
※跳
ピョン
大雄變身了。
在這裡!!
你先繞到對面去。
躲在水管那邊。
大象！
叭喔～
哇啊—
※探出
ニュウ

小小世界顯微鏡Q&A

Q iPS細胞容易癌化，因此科學家認為難以普及。這是真的嗎？

A 假的。癌化在一開始的確帶來問題，不過後來的研究已經開發出不易癌化的方法。

看你們下次還敢不敢欺負我。
我可以變身成任何動物喔。
獅子！
才想一下就馬上變身了。
吼！
哇啊——
真有意思。
好好玩喔。
天啊——
呀啊——
什麼？空地變成動物園了？

※歐伊歐伊
怎麼可能會有這種事。
ピポーピポー！
玩得太過火了。
還是變回大雄吧。
我剛剛有把衣服脫掉嗎？
在那邊！剛剛好像有什麼東西躲到水管後面去了。
好像有小孩子被吃掉了!!
咦……
什麼也沒有啊。
吱——救命啊!!

小小世界顯微鏡Q&A

Q 利用生物學取得的DNA資料可應用在生物資訊學上。這是真的嗎？

A 真的。這門學問稱為「生物資訊」，已在一九八〇年代建立DNA鹼基資料庫。

喵喵。
？
？
？
竟然自動變身了。
我剛剛什麼都沒想……
只是看一眼貓的樣子而已……
哆啦A夢好像有說過，如果喝太多，
就會很容易變身。
又來了。
ズルズル
ズルズル
※滑
汪汪！

小小世界顯微鏡Q&A

Q 檢驗DNA亦可在某些程度上判斷出運動能力和個性。這是真的嗎？

一看到什麼就馬上變身，這下會沒完沒了。
變回大雄吧。
不、不行！
我現在是裸體。
只好趕快回家了。
啊！是靜香。
糟了!!
呀啊！
是我啦，我是大雄變的啦。
這樣就更過分了!!
快變成其他東西啦!!
知道了啦！

A 真的。有些檢驗可從孩子的DNA資訊進行個性分類。

藥效產生了！
ピク
ピク
ピ

身體真的可以再生嗎？

萬能細胞是什麼樣的細胞？

壁虎的尾巴被切斷之後，仍然能夠復原。這種失去身體一部分仍然能夠恢復原貌的情形稱為「再生」。人體的皮膚與小腸表面也會進行再生，不過如果失去手腳，就無法再度長出來。這是什麼原因呢？

事實上構成我們身體的細胞，大部分都有細胞分裂次數的限制。但是，在這當中有一種細胞卻能夠分裂無限次，這種細胞稱為「幹細胞」。身體想要再生就少不了這種細胞。

而再生的另外一項關鍵，就是具備幾乎可變成任何一種細胞的「多潛能性」能力。人類的細胞在出生之前已經失去多潛能性能力，因此骨細胞無法變成腦細胞、神經細胞無法變成肌肉細胞。

假如能夠製造出分裂次數無上限（幹細胞）、幾乎能夠變成任何種類（多潛能性）的細胞，應該就有辦法讓部分的身體再生。這種細胞稱為「萬能細胞」。如果能實現的話，即使因為生病或受傷失去部分身體，只要接受這種夢幻治療，就能夠恢復原貌。

插圖／佐藤諭

▲壁虎失去身體一部分仍然能夠再生。

▼萬能細胞實現的話，就能夠製造各種身體「零件」。

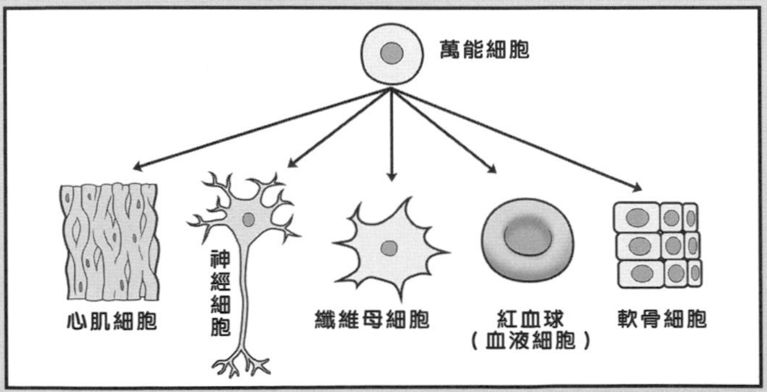
萬能細胞
心肌細胞
神經細胞
纖維母細胞
紅血球
（血液細胞）
軟骨細胞

插圖／加藤貴夫

ES細胞與iPS細胞如何產生？

我們的身體是由一個細胞（受精卵）分裂而成，因此使用受精卵似乎有機會製造出萬能細胞。

事實上受精卵開始分裂後，在細胞還只有一百個左右時，取出其中一部分培養的話，就能夠製造出萬能細胞，這種細胞稱為「ES細胞（胚胎幹細胞）」。

但是，ES細胞不可使用「繼續培養下去會變成嬰兒」的受精卵，而且因為是由其他人的細胞製成，置入患者體內之後，很可能引起排斥反應。

因此接下來開發的是「複製ES細胞」。這是將患者的基因植入受精之前的卵子裡，等到細胞分裂後再取出部分細胞。但是製造複製ES細胞的技術也可用來製造複製動物，這樣又會發生其他的問題。

於是，京都大學的山中伸彌教授注意到在ES細胞裡發揮作用的物質。他認為利用病毒載體（詳見第一七八頁）將能夠製造此物質的基因植入細胞的話，可以製造出萬能細胞。於是，他實際利用這個方法成功製造出「iPS細胞」並獲得諾貝爾獎。

這三種萬能細胞儘管可能變成體內的各式各樣細胞，但事實上要變成骨頭或肌肉相當困難，因此尚未實際使用。儘管如此，利用萬能細胞進行再生醫療的時代已經不遠了。

插圖／加藤貴夫

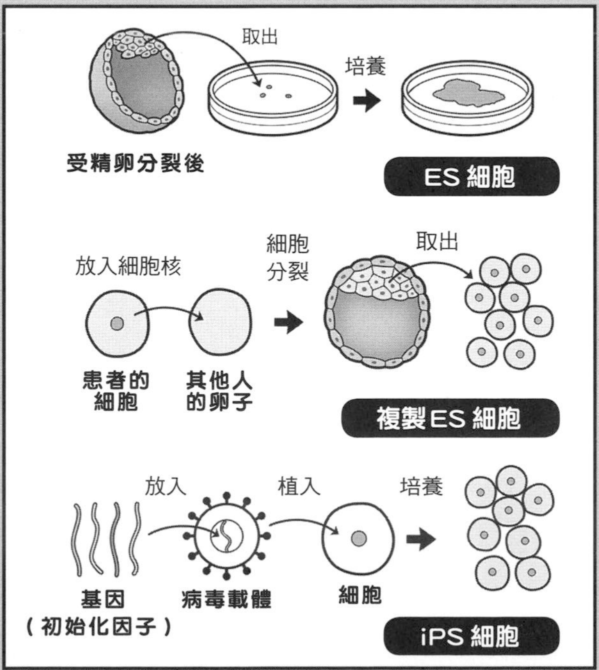
取出
培養
受精卵分裂後
ES細胞
放入細胞核
細胞分裂
取出
患者的細胞
其他人的卵子
複製ES細胞
放入
植入
培養
基因（初始化因子）
病毒載體
細胞
iPS細胞

◀目前已開發出三種方法能夠製造「萬能細胞」，實現夢想中的再生醫療。

人類對於不可思議的生命，已經了解這麼多！

知道DNA就能夠輕鬆對付疾病？

我們的身體如何結構組成，是根據細胞中所擁有的DNA（詳見第一〇七頁）決定的。也就是說，只要調查DNA，就能夠事先知道自己容易罹患的疾病、生病時最有效的治療方式等。這一種利用DNA資訊預防與治療疾病的方式，稱為「個人化醫療（tailor - made medicine）」。還有一種是只需拿棉花棒沾取唾液送驗，就能夠得到結果的DNA檢驗。便宜的只要花上幾千元，即可輕輕鬆鬆完成檢查。

另外，也可以促使患者體內製造有助於疾病治療的蛋白質。只要把製造該蛋白質所需的DNA送進細胞裡，剩下的就等身體自行製造就可以了。這樣的治療稱為「基因治療」，也實際應用於癌症、ADA缺乏症等疾病的治療上。

醫療上利用DNA資訊的方法推陳出新，但是相反的，容易患病這件事如果讓其他人知道，很可能遭到歧視，或是變成可以在生產前先檢驗DNA，再決定是否生下寶寶。

希望各位務必思考關於DNA資訊的使用範圍，該如何規範才好。

插圖／佐藤諭

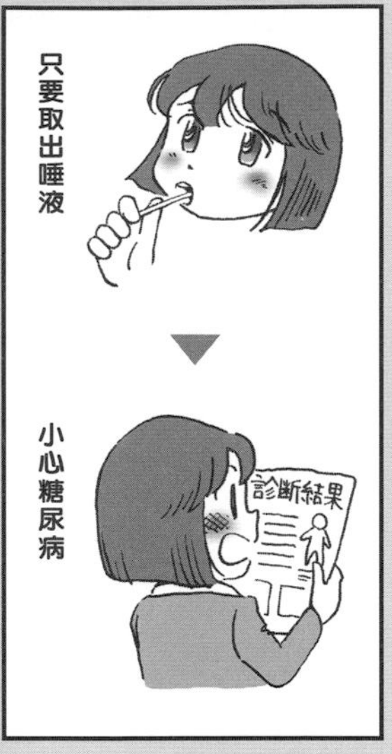

▲只要把唾液送過去檢驗，就能夠得知未來容易罹患的疾病。

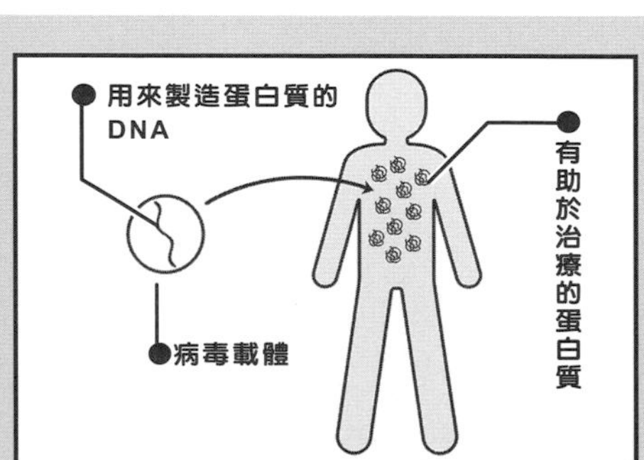

◀利用病毒把DNA送進體內，就能夠促使製造有助於治療的蛋白質。

插圖／加藤貴夫

了解支持生命研究的各式各樣技術！

人類逐漸解開生命的構造，也能夠將之應用在醫療上，但是希望各位也務必了解、支持這些研究與開發的眾多技術。

為了開發萬能細胞或治療基因，在細胞裡植入特定DNA時，必須將DNA放入已消除毒性的病毒裡，再讓病毒感染到動植物細胞上，這樣的病毒稱為「病毒載體」。

另外，為了調查基因的功用，科學家會製造出「基因剔除小鼠」，使該基因無法發揮作用，比較其與正常小鼠的差異。

那麼，為了調查某個蛋白質位在身體中哪個位置時，該怎麼做呢？下村脩博士找到使得維多利亞管水母發光的蛋白質「GFP（綠色螢光蛋白）」，並因此獲得了諾貝爾獎。而找到製造出這個蛋白質的基因，便能夠讓其他生物的蛋白質在活著的狀態下發光，藉此可以觀察蛋白質的位置。

最後要介紹的是增加DNA的技術「PCR法（聚合酶連鎖反應法）」。為了調查DNA，必須準備大量的DNA。將一對DNA（請參考第一〇七頁）加熱分成兩條，再加入幫助修復的材料進行冷卻的話，就會變成兩對成對的DNA。反覆進行下來，就能夠在短時間之內製造出數十億條DNA了。

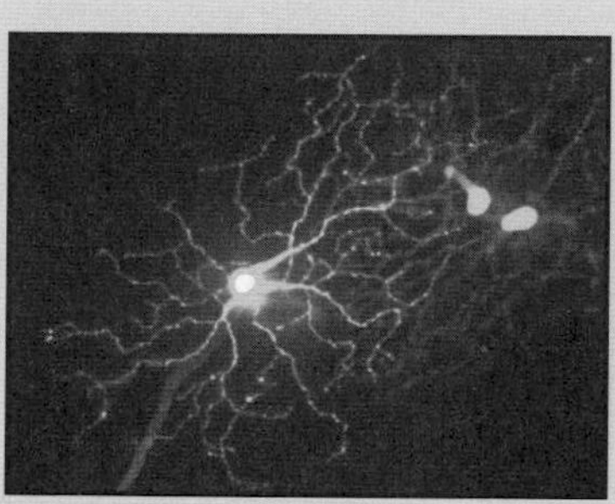

◀植入GFP的神經細胞。使用GFP就能夠觀察細胞活生生的狀態。

影像提供／自然科學研究機構　小泉周

▼PCR法。只要重複三十次，就能夠生產十億條以上的DNA。

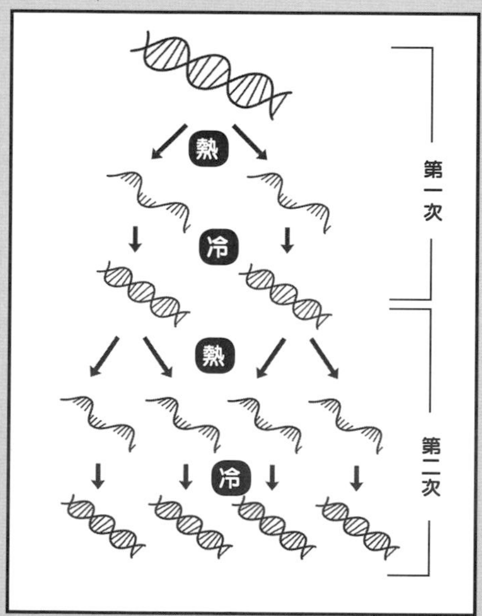

插圖／加藤貴夫

無機關魔術手帕

要仔細檢查喔。
只是一個空空的筒子嘛。
用這條手帕蓋住筒子……
一、二、三!!
※搭啦
哇!好漂亮!!
我現在正在研究能夠變出鴿子的魔術喔。
出木杉什麼都會耶，我好佩服你喔。

靜香說她很佩服出木杉!!
只要到百貨公司去買道具，誰都變得出來啊。
也不見得吧。從以前到現在，你不知道買了多少魔術道具，從來沒變出來過。
話是沒錯啦…
但是輸給出木杉就是很不甘心。
那就給你即使是笨手笨腳的人，也能變出魔術的道具吧。
「無機關魔術手帕」。
在這條手帕的接縫裝有超小型的電腦，可以分解和組合元素，變出各種物品來。
???
我試給你看。
我手上什麼都沒有對吧？
一、
二、
三!!
※搭啦

小小世界顯微鏡Q&A

Q 大約五年前已經開始構思、打造，性能遠遠超越目前超級電腦的量子電腦。這是真的嗎？

A 假的。量子電腦的原理是一九八五年一位英國物理學家多伊奇的想法。不過想要實現，似乎還得花上不少時間。

好厲害!!
再蓋上一次。
※搭啦
好棒、好棒。
要怎樣做才能變出這麼厲害的魔術呢？
什麼都不用做，它會自動變出來。
所以沒辦法事先知道會變出什麼東西。
？
ムクムク
啾！
嗚啊～
※增生

去讓靜香見識一下吧。
我會變很厲害的魔術喔。別人都辦不到，等一下讓妳大吃一驚……
……等等。
還是先練習一下比較好吧。因為我笨手笨腳的。
妳等我一下喔。
大雄要變魔術？
很有意思!!變給我看看。
一、二、三!!
喔~~
再來是……

小小世界顯微鏡Q&A

Q 調查電子與原子核等的「加速器」裝置，也用於醫療或生物學的研究。這是真的嗎？

A 真的。加速器廣泛應用在疾病診斷、蛋白質的立體結構分析等。

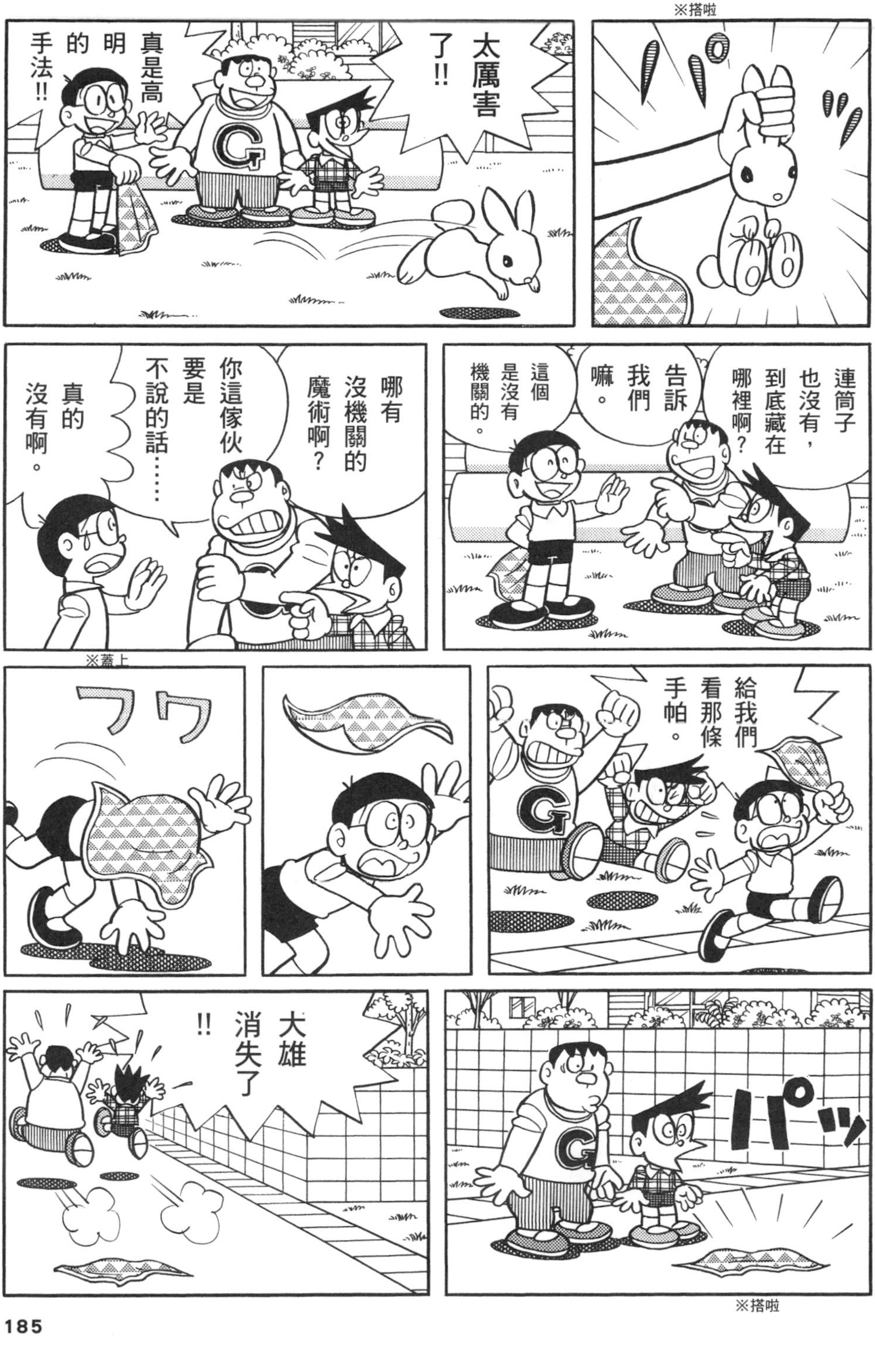
※搭啦
太厲害了!!
真是高明的手法!!
連筒子也沒有，到底藏在哪裡啊？
告訴我們嘛。
這個是沒有機關的。
哪有沒機關的魔術啊？
你這傢伙要是不說的話……
真的沒有啊。
給我們看那條手帕。
フワ
※蓋上
パッ
※搭啦
大雄消失了!!

※飄啊飄

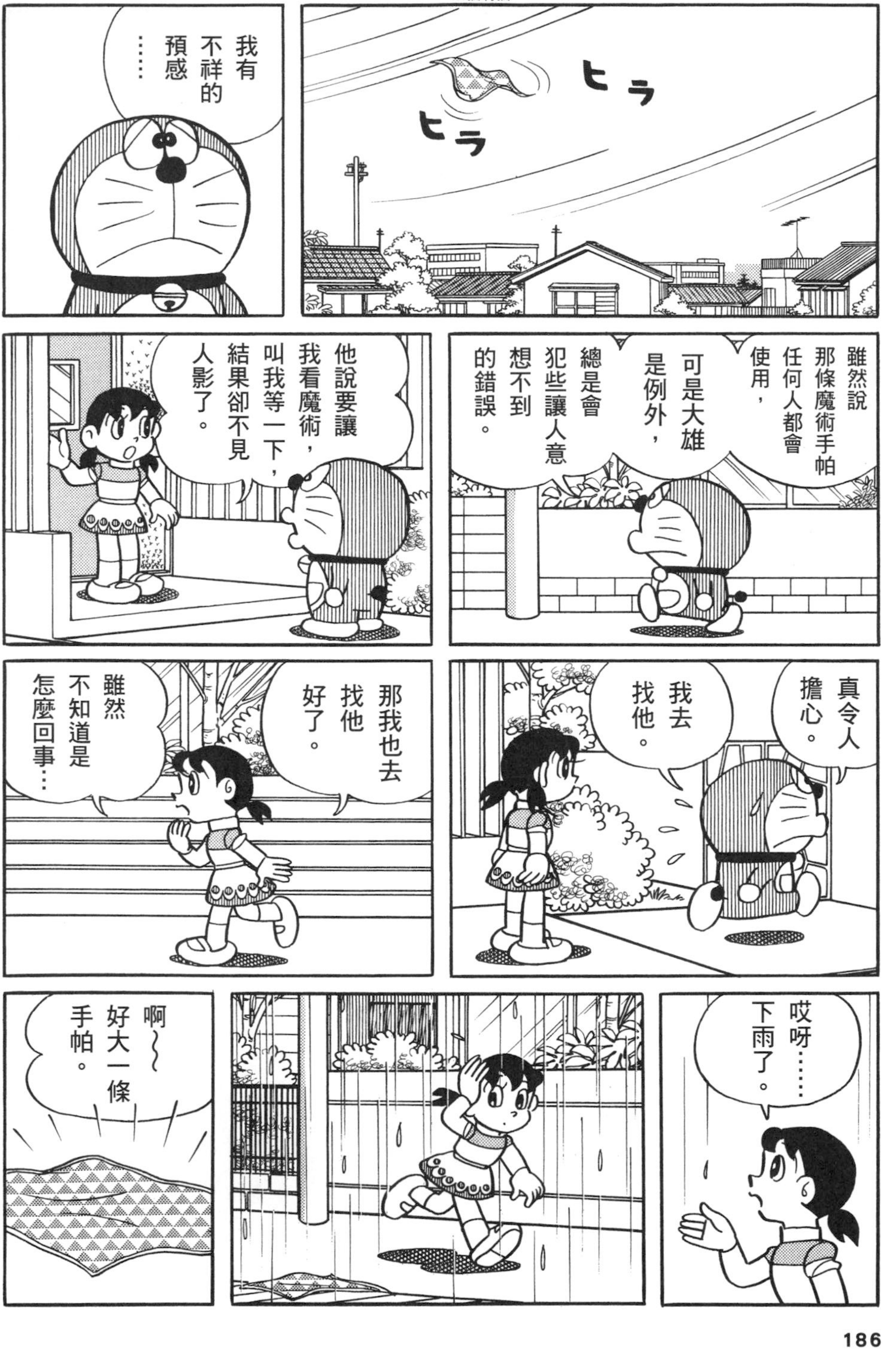

ヒラ
ヒラ
我有不祥的預感……
雖然說那條魔術手帕任何人都會使用，
可是大雄是例外，
總是會犯些讓人意想不到的錯誤。
他說要讓我看魔術，叫我等一下，結果卻不見人影了。
真令人擔心。
我去找他。
那我也去找他好了。
雖然不知道是怎麼回事……
哎呀……下雨了。
啊～～好大一條手帕。

小小世界顯微鏡Q&A

Q 只有日本使用「稀有金屬」一詞，其他國家均稱之為「超級金屬」。這是真的嗎？

A 假的。其他國家一般均用「次要」這個詞，稱之為「次要金屬」。

※增生
ムク ムク
※搭啦
?
?
?
不管怎麼看，都沒什麼裝置啊。
就這樣蓋在手上…
※增生
ムク ムク
哇！好厲害的魔術!!
好難受～快放手啊。

「無機關魔術手帕」。

用來觀察微小世界的「加速器」是什麼裝置？

加速器連結了小世界和大宇宙？

人類從很久很久以前仰望天空時，就對於星星和宇宙充滿疑問。而對於小小世界也同樣深感興趣，萬物究竟是由什麼組成？於是人們進行各式各樣的研究，只為了找出答案。

現在科學家使用稱為「加速器」的裝置，將電子和原子核（請參考第一三一頁）加速到光速左右，進行碰撞實驗。碰撞的瞬間，粒子會變成四分五裂的狀態，我們就能夠藉此了解比原子更小的世界。

科學家認為宇宙誕生於「大霹靂」這個大爆炸發生之後。宇宙剛形成時，原子是四分五裂的狀態，因此使用加速器調查小世界的過程，實際上也是在調查宇宙的起源。

再者，調查被加速器弄得四分五裂的粒子，也能夠詳細了解重力、電磁力等力量的規律。

能夠執行最先進實驗的加速器，大小至少都有數公里到數十公里，在製造上需要龐大的資金。

但是，能夠製造小型的大霹靂，將宇宙這個「大世界」與比原子更小的「小世界」（請參考第三十頁）連結在一起的加速器，正是能夠完成人類自古以來夢想的工具。

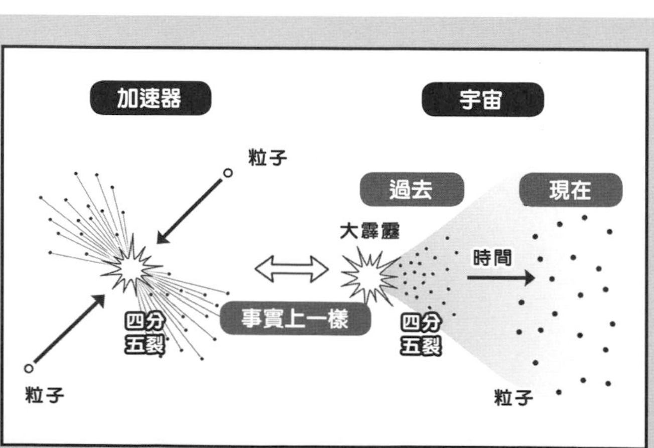
加速器
宇宙
粒子
過去
現在
大霹靂
時間
事實上一樣
四分五裂
四分五裂
粒子
粒子

插圖／加藤貴夫

▶加速器看到的小世界與大霹靂剛發生時的宇宙一樣。

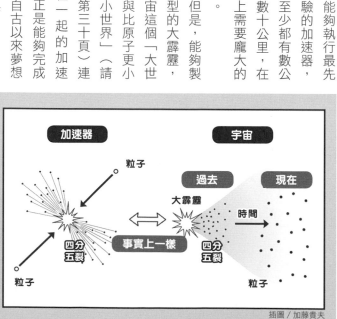

插圖／加藤貴夫

越來越巨大的加速器構造是……？

加速器究竟是利用什麼樣的構造加速粒子呢？我們以加速電子為例，一起來想想吧！

電子帶負電，因此會從同樣帶負電的板子前往帶正電的板子。事先在板子上打洞，在電子通過的瞬間交換板子的正負極的話，電子就會繼續前往下一塊帶正電的板子。反覆進行這個動作就是加速器的基本原理。

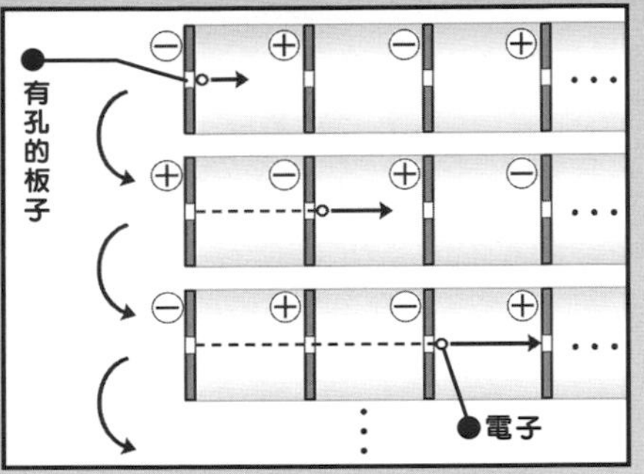

▲利用電的「同性相斥、異性相吸」特性，促使粒子加速。

◀LHC（大型強子碰撞加速器）的實體照片，加速器建造在地下隧道裡。

為了看見更小的世界，必須利用更大的能量進一步加速，促使粒子發生碰撞，但是該怎麼做才好呢？如果將加速器打造成圓形，在粒子旋轉過程中，帶電荷的板子就能夠促使逐漸加速。

但是，如果加速器太小的話，也容易在粒子旋轉的過程失去能量，因此科學家持續製造更大的圓形加速器，直到現在。

目前世界上可使用最大能量促使粒子碰撞的加速器是位在歐洲的LHC（大型強子碰撞加速器），周長就有二十七公里。

而為了更詳細調查小世界，早已有人著手建造全長三十公里的直線加速器－ILC（國際直線加速器），期待能夠發現全新的粒子。

▼ILC（國際直線加速器）也可能由日本建造。期待今後會有新發現。

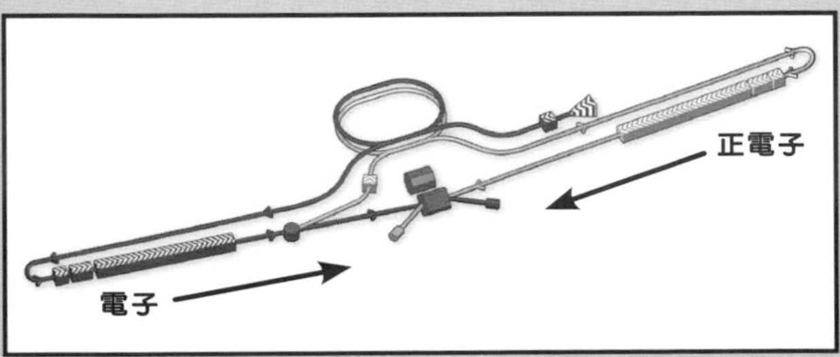

影像提供／直線對撞機國際合作

小小世界的尖端科技是什麼？

從微米世界進入奈米世界！

一公釐的一千分之一大小稱為一微米（μm），過去微米代表的是「小世界」，但現在人類已經能夠處理一微米的千分之一大小，也就是「奈米」的世界，這項技術就稱為「奈米技術」。

奈米技術相關物質之中，最有名的物質之一就是奈米碳管。這種管子是以碳原子連接而成，直徑大約零點四奈米至五十奈米，特徵是非常輕且擁有足夠強度。

插圖／加藤貴夫

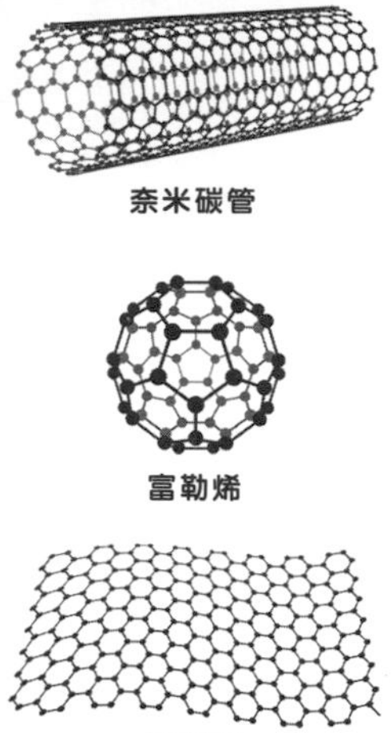

▲全都只用碳原子製造而成，但是三種的構造迥異。

另外，與奈米碳管同樣只用碳原子連結而成的，是形狀類似足球的「富勒烯」，以及平面網狀的「石墨烯」。目前已開發出將富勒烯放入奈米碳管裡的技術，期待能夠當作新的半導體材料。

稀土元素到底是什麼？

複數種類的金屬混合後，能夠產生新的性質。尤其是鐵、銅、鋁，只要加入少量的各類金屬，製作出來的材料就能夠廣泛應用在汽車、化學、半導體、鋼鐵等眾多領域，成為不可或缺的東西。

但是大多數加入其中的「少量金屬」，在地球上的數量要不就是很少，要不就是難以取得，因此這類金屬稱為「稀有金屬（貴金屬）」，當中有部分元素則稱為「稀土元素」。接下來將介紹其中幾種。

油電混合車和電動汽車引擎裡使用稱為「釹磁鐵」

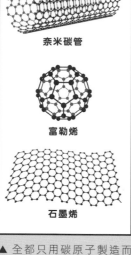

插圖／佐藤諭

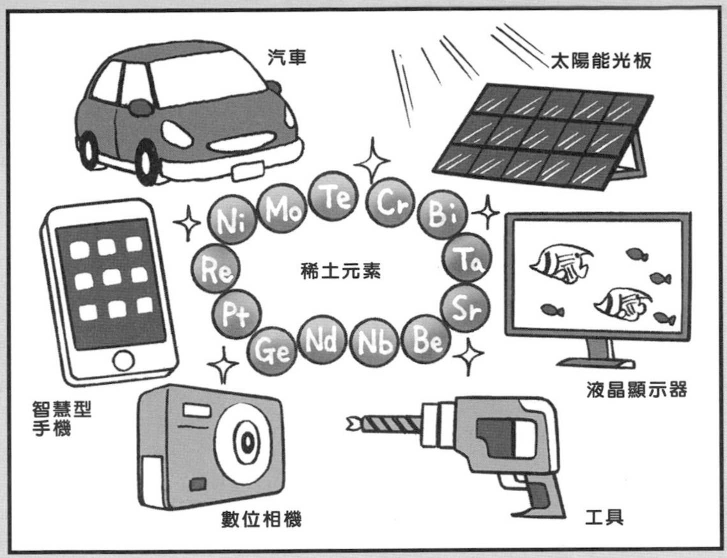
汽車
太陽能光板
Ni
Mo
Te
Cr
Bi
Re
稀土元素
Ta
Sr
Pt
Ge
Nd
Nb
Be
液晶顯示器
智慧型手機
數位相機
工具

▲稀有金屬或稀土元素應用在各式各樣的產品上，已經是我們生活中不可或缺。

的強力磁鐵，為了製造這個磁鐵，必須使用「鏑（66 Dy）」。另外，液晶電視、太陽能電池使用的透明導電膜則少不了「銦（49 In）」。

其他像是為了製造出既強韌又柔軟的鐵，必須加入「釩」；鏡片和硬碟研磨劑中加入「鈰（58 Ce）」；鑽頭要避免劣化並加強硬度就少不了「鎢（74 W）」。幾乎可說如果沒有稀有金屬或稀土元素的話，許多產業就無法成立了。

某些資源匱乏的國家一方面可以掌握稀有金屬和稀土元素的來源，但是另一方面，也要避免過度依賴像石油這樣的元素，繼續研究改以其他物質替代，能夠發揮同樣效果的方法。

小世界裡的未來大展望是什麼？

我們今後一定會更加了解小世界並活用之，逐步開發出全新的科技。

也許能夠發明小機器人，放入人體找尋病灶或醫治疾病；再加上電池與顯示器越做越小，或許能夠開發出植入體內拍攝皮膚影像的裝置。

希望各位務必想想小世界將會變成什麼模樣，以及如何善用小世界的科技，豐富我們的生活。

在迷你屋
渡過涼夏

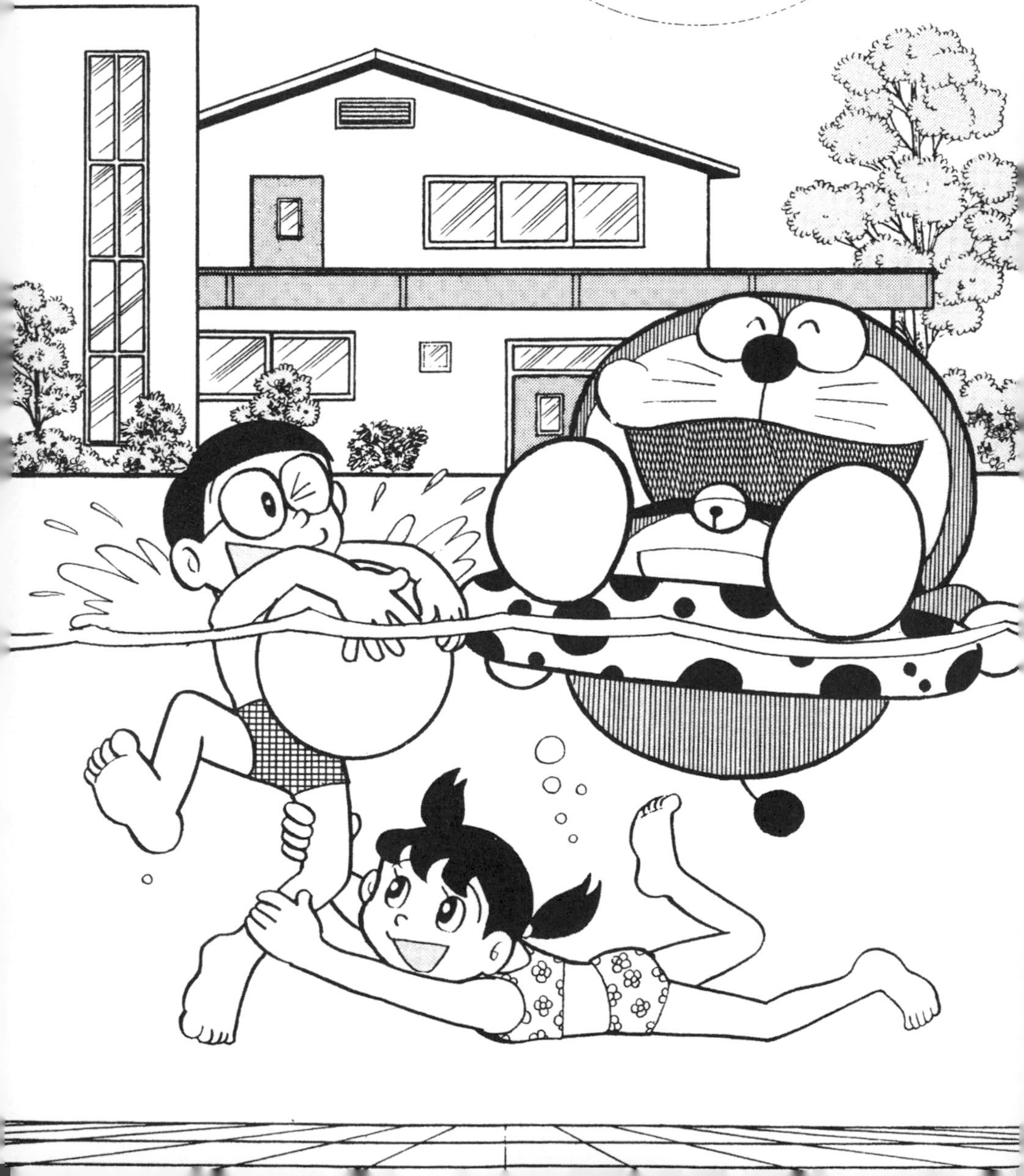

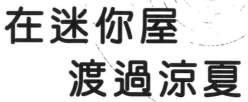

到我家一起寫暑假作業吧。
等等，在大雄他家寫得了作業嗎？
你這是什麼意思⁉
太熱啦！
你家冷氣壞掉了吧？
去了會很熱吧！我家可是有中央空調。
冰箱裡還有一堆冰淇淋可以吃。
我家的大院子還有樹蔭，很涼快喔！
要唸書的話當然要選好環境才行。
說得也是。
哼……

Q 德國的物理學家亞伯特・愛因斯坦因為「相對論」得到諾貝爾獎。這是真的嗎？

什麼⁉
想搬家？
中央空調……冰淇淋……？
在大院子的樹蔭下唸書？
你說什麼我都聽不懂！
好了。
冷靜點。
什麼嘛～原來是這麼回事。
看你的反應，
說得好像很簡單的樣子。
那就搬到有中央空調、冰淇淋、寬廣的庭院還有游泳池的地方就好啦……
為什麼要把眼睛矇起來？
往前直走…

頭低一點……
小心別撞到頭喔。
好啦，可以把眼罩拿下來了。
好棒喔！
好大的院子。
也有很多樹蔭呦。

A 假的。他是因為提倡「光量子假說」說明光電效果，研究獲得認同，而於一九二一年得到諾貝爾物理獎。

哇…是真的游泳池耶！
房間也很寬敞。
開著冷氣，真的好舒服喔。
那塞滿冰箱的冰淇淋呢？
我去買，給我錢。
只能買一個而已。
有沒有搞錯啊？
讓你久等了。

※咚

小小世界顯微鏡Q&A

Q 「昴望遠鏡」的攝影機CCD畫素是？①五千萬畫素 ②兩億畫素 ③八億畫素以上

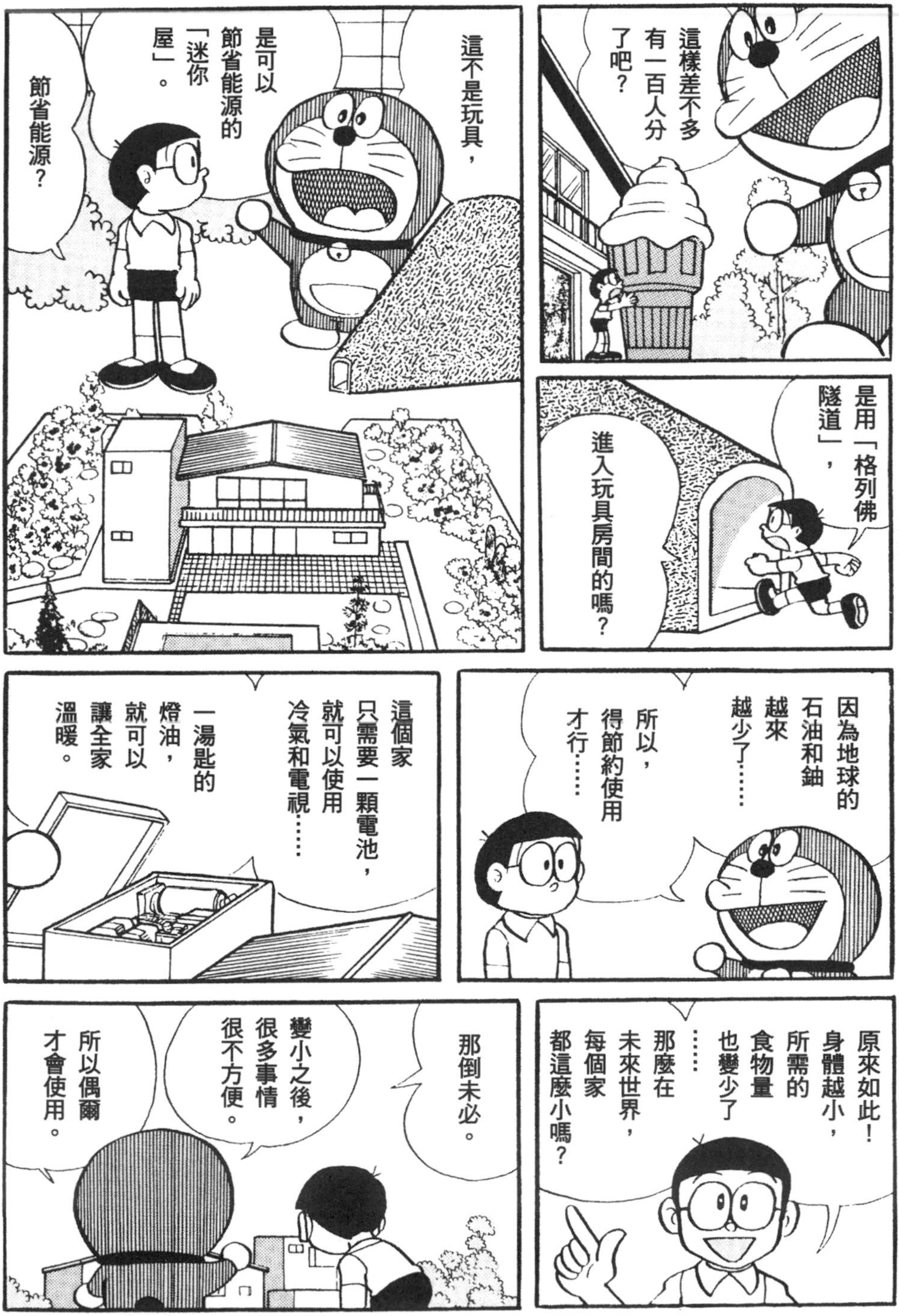
這樣差不多有一百人分了吧？
是用「格列佛隧道」，
進入玩具房間的嗎？
這不是玩具，
是可以節省能源的「迷你屋」。
節省能源？
因為地球的石油和鈾越來越少了……
所以，得節約使用才行……
這個家只需要一顆電池，就可以使用冷氣和電視……
一湯匙的燈油，就可以讓全家溫暖。
原來如此！身體越小，所需的食物量也變少了……
那麼在未來世界，每個家都這麼小嗎？
那倒未必。
變小之後，很多事情很不方便。
所以偶爾才會使用。

A ③八億畫素以上。「昴望遠鏡」配備全球最高感度的CCD（半導體感應器），可達八億七千萬畫素。

冷氣突然故障，真抱歉。
庭院風沙又很大。
無法靜下來唸書。
我搬家了。
要不要來？
在靜香面前，就特別認真唸書。

小小世界顯微鏡Q&A

Q 土星原子模型可說是現代原子模型的原形，最早想出來的是日本的研究人員。這是真的嗎？

A 真的。這是在距今一百多年前，當時的東京帝國大學（現在的東京大學）長岡半太郎教授所提出來的主張。

真羨慕……
啊哈哈！
啊哈哈！
要吃多少都可以。
※冒煙
モク
モク
是火災!!
借用一下。
放到我家的院子裡去。
好啦。

嘿咻！
好好玩喔。
沒錯，真好玩……
※嘎沙嘎沙
ガ
サ
ガ
サ
是蟑螂～
搞錯隧道的出入口，反而變得更小，而且還被風吹走……
找到腰都快斷了。
救命啊～

這樣差不多有一百人分了吧？

挑戰微小世界的科學

用量子論解開微小世界的規則

在肉眼能夠看到的世界，可利用伽利略和牛頓提出的牛頓運動定律（古典物理學）解釋物體運動。但是在原子和基本粒子等微小世界裡存在著不可思議的規則，如在第一五六至一六二頁所介紹的，物質同時具有粒子和波兩者的性質，或光會像粒子一樣行動，而解釋微小世界現象的是「量子論」，其力學體系則稱為「量子力學」。

量子論講述的世界無法輕易觀察，十分難以理解，不過事實上，我們身邊就有以量子力學為基礎衍生的技術；應用在電子機械等的半導體元件就是其中一個。

所謂的半導體，就是它既是像鐵一樣可以導電的導體，也是像橡膠一樣無法導電的絕緣體，性質介於兩者之間。能否導電端看物質內的電子能否自由移動。舉例來說，半導體元件根據施以電壓的方式不同，有時還能夠自由控制電流。藉由量子力學解開物質的電子狀態並應用的結果，就是在一九四七年所發明的世界第一個半導體元件「電晶體」。這項裝置成為具有放大與開關作用的電路基礎。其後更開發出在一個半導體結晶上容納眾多元件的ＩＣ（積體電路）、ＬＳＩ（大規模積體電路），現在數個電晶體已經可以製造出數億的電路。

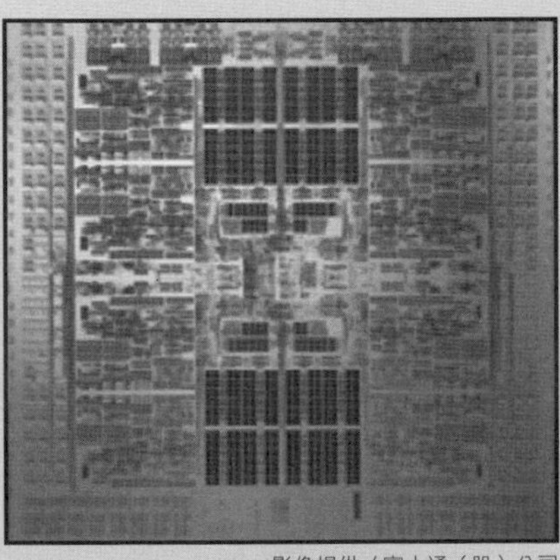

◀日本第一的超級電腦「京」的CPU（半導體）。尺寸只有一張郵票那麼大，卻是由七億六千萬個電子零件構成。

影像提供／富士通（股）公司

尖端科技的發展少不了量子論

利用微小世界的物理定律發展半導體技術，不僅為電腦等資訊、通訊機器的世界帶來幫助，二〇一四年因為日本研究學者得到諾貝爾物理獎而成為話題的發光二極管（LED），以及近年來備受矚目的太陽能電池，這些由光能生電的能源裝置，也是半導體的技術。

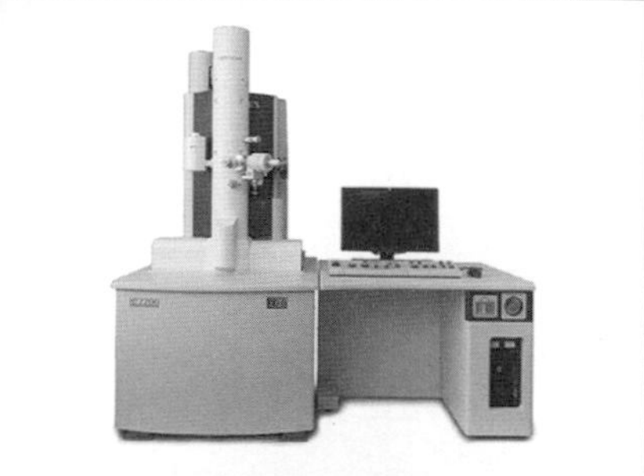

影像提供／日本株式會社 日立先端科技

影像提供／日本株式會社 日立先端科技

◀量子力學應用在各式各樣科學技術上。利用電子束取代光的電子顯微鏡（上）和數位相機的CCD（下）也是其中之一。

還要介紹的就是數位相機（攝影機）使用的CCD影像感應器（感光元件）。CCD是把光變成電流訊號的半導體感應器，在相機拍攝影像上有重要功用。CCD上有數十萬到數百萬個稱為「畫素」的小型感光元件（光電二極體），可把接收到的光轉變成電荷。這一點就是利用愛因斯坦解釋過的光電效果，也就是利用光具有粒子的性質。CCD將這個感光元件的電荷像水桶接力一樣一一送出，把影像變成電流訊號。

應用量子力學產生的技術除了半導體之外還有其他，例如電子顯微鏡也是其中之一。一般顯微鏡（光學顯微鏡）是把光（可視光）照在想要觀察的東西上，利用鏡片放大影像，但是比光的波長（約四百至八百奈米）小的東西就看不見了。電子顯微鏡利用的是電子高速運動時會變得像光波的性質，使用高電壓加速的電子束波長遠比光短（光的數萬至數十萬分之一），因此能夠以更高的倍率（角度鑑別率）看見更小的東西。

舉例來說，光學顯微鏡難以觀察病毒，但是電子顯微鏡不僅能夠看見病毒，甚至還能夠觀察到物質的分子、原子等級。

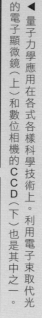

世上萬物均由「弦」構成？

插圖／佐藤諭

◀愛因斯坦

奠基於量子論的新技術，被應用在支撐現代社會發展的各式各樣領域上。不過，科學家們更進一步發展這套理論，試圖連結現代物理學的另一根支柱，也就是「相對論」。

相對論這理論影響著比我們肉眼看到的世界更宏觀的宇宙整體。微小世界的理論「量子論」看來似乎與相對論完全相反，但多數科學家認為突破極限之後，兩者將會結合在一起。而有可能實現此一論述的最有力主張就是「超弦理論」。

目前普遍認為構成自然界物質的最小零件是「點狀」的基本粒子，但是在超弦理論中，每顆基本粒子也是一個振動的「弦」，因為振動的差異造成基本粒子的性質不同。這項理論如果完成，期待將能夠解開宇宙誕生之謎，但似乎還需要一段時間。

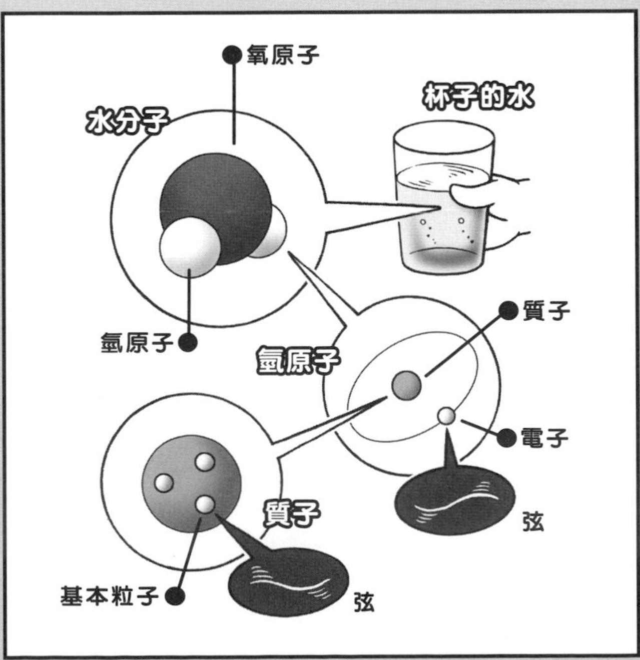

◀自然界的物質逐漸分解成小零件，最後變成振動的「弦」？

插圖／佐藤諭

後記　深奧的小小世界

廣島大學生物圈科學研究所副教授
長沼 毅

一九六一年出生，筑波大學畢業。曾任日本海洋科學技術中心（現在的日本海洋研究開發機構）研究員、加州大學聖塔芭芭拉分校海洋科學研究所客座研究員。第五十二屆南極觀測隊員。專長是生物學、海洋生態學。特別針對生活在深海、地底、沙漠、南北極等邊境（極限環境）的生物進行研究。有數本著作，也經常參與電視演出。

微小世界與我們的世界截然不同。相較之下，我們的世界與宏觀世界似乎相去不遠。比方說，飛機比汽車更快；火箭比飛機更快，這一點無論走到廣大宇宙的哪裡都一樣。但是倘若是在微小世界，則不一定是火箭比較快。如果情況換到水裡就更容易明白了。微小世界的水很黏稠，難以快速向前游動。在這樣的世界裡，最好要用蹼或船槳把水撥開。當然，微小世界的生物沒有蹼或船槳，它們小小的身體四周長著鞭毛或纖毛，並且以那些當作船槳在黏稠的液體中前進。

微小世界的生物稱為「微生物」，有些微生物約一公釐大，可用肉眼看見，也有些真的小到只有千分之一公釐，無法用肉眼看見，優格的乳酸菌就是它們的夥伴之一。各位應該也聽過大腸菌吧？其他還有許多種類的微生物，它們的身體雖小卻絕對不容輕忽，因為它們能夠辦到動植物等大型生物無法做到的事情，擁有驚人的能力。有些待在沸騰熱水裡也無所謂；有些暴露在人類照到會死亡的放射線底下也沒事，它們是身體雖小卻超凡的生物。

比微生物更小的則是「病毒」。流行性感冒的病原體也是病毒。病毒的大小頂多一萬分之一公釐，只有這麼小，已經介於生物和物質之間了。雖說如此，它們並不簡單，甚至比人類能夠製造的最小奈米機器更小、更複雜；而且奈米機器無法增加，病毒會逐漸增生。再者，病毒會進化，因此科學家認為地球上恐怕有一百萬到一千萬種，或甚至更多種類的病毒存在。今後將會出現更多針對奇妙病毒進行的研究吧！

病毒介於生物與物質之間，也能形成巨大的分子。如果提到比病毒更小的東西，普通的分子大致上就是屬於十萬至一百萬分之一公釐的世界。而構成分子的是原子，它當然比分子更小，只有一千萬分之一公釐左右。有趣的是其種類與數量，組成原子的粒子只有電子、質子、中子這三種，但是這三種的排列組合卻能夠製造出超過一百種以上的原子（與其說是原子，應該說「元素」比較恰當）。而且這些原子排列組合就能夠形成大約一億種分子，各位不覺得驚人嗎？

這樣看來，組成原子的電子、質子、中子，粒子種類似乎最少。難道這三個就是最小粒子了嗎？不對，質子和中子的大小是一兆分之一公釐左右，你覺得很小，但事實上它們是由更小、小到無法測量尺寸的「基本粒

變小之後，世界看起來都不一樣了。
草原像是叢林一樣。

子」構成。電子也是基本粒子的一種，據說基本粒子也有一百種到兩百種以上。為什麼基本粒子的種類這麼多？想要解開這個謎團，必須追溯到基本粒子的誕生，也就是這個宇宙誕生之初才行。亦即話題又回到了宇宙。看來小世界與大世界追根究底還是連在一塊兒的呢！

哆啦A夢科學任意門 13

小小世界顯微鏡

●漫畫／藤子・F・不二雄
●原書名／ドラえもん科学ワールド── ミクロの世界
●日文版審訂／ Fujiko Pro、日本科學未來館
●日文版撰文／瀧田義博、山本榮喜、窪內裕、丹羽毅、芳野真彌
●日文版版面設計／ bi-rize
●日文版封面設計／有泉勝一（Timemachine）
●日文版編輯／ Fujiko Pro、杉本隆

●翻譯／黃薇嬪
●台灣版審訂／賴美津

發行人／王榮文
出版發行／遠流出版事業股份有限公司
地址：104005 台北市中山北路一段 11 號 13 樓
電話：(02)2571-0297　傳真：(02)2571-0197　郵撥：0189456-1
著作權顧問／蕭雄淋律師

2017 年 3 月 1 日 初版一刷　2024 年 2 月 1 日 二版一刷
定價／新台幣 350 元（缺頁或破損的書，請寄回更換）

ISBN 978-626-361-413-0
遠流博識網 http://www.ylib.com　E-mail:ylib@ylib.com

◎日本小學館正式授權台灣中文版
●發行所／台灣小學館股份有限公司
●總經理／齋藤滿
●產品經理／黃馨瑝
●責任編輯／小倉宏一、李宗幸
●美術編輯／李怡珊

國家圖書館出版品預行編目(CIP)資料

小小世界顯微鏡 / 藤子・F・不二雄漫畫；日本小學館編輯撰文；
黃薇嬪翻譯. -- 二版. -- 台北市：遠流出版事業股份有限公司，
2024.2
面；　公分. --（哆啦A夢科學任意門；13）

譯自：ドラえもん科学ワールド：ミクロの世界
ISBN 978-626-361-413-0（平裝）

1.CST: 微生物學　2.CST: 漫畫

369　　112020394

※ 本書為 2014 年日本小學館出版的《ミクロの世界》台灣中文版，在台灣經重新審閱、編輯後發行，因此少部分內容與日文版不同，特此聲明。